自控力：

你不是迷茫，而是自制力不强

李萌 编著

成都地图出版社

图书在版编目(CIP)数据

自控力:你不是迷茫,而是自制力不强 / 李萌编著. —成都:
成都地图出版社有限公司, 2018.10(2023.2 重印)
　　ISBN 978-7-5557-1036-3

Ⅰ.①自… Ⅱ.①李… Ⅲ.①自我控制-通俗读物
Ⅳ.①B842.6-49

中国版本图书馆 CIP 数据核字(2018)第 237945 号

自控力:你不是迷茫,而是自制力不强
ZIKONGLI：NI BUSHI MIMANG，ERSHI ZIZHILI BU QIANG

编　　著：李　萌
责任编辑：王　颖
封面设计：松　雪
出版发行：成都地图出版社有限公司
地　　址：成都市龙泉驿区建设路 2 号
邮政编码：610100
电　　话：028-84884648　028-84884826(营销部)
传　　真：028-84884820
印　　刷：三河市众誉天成印务有限公司
开　　本：880mm×1270mm　1/32
印　　张：6
字　　数：136 千字
版　　次：2018 年 10 月第 1 版
印　　次：2023 年 2 月第 11 次印刷
定　　价：35.00 元
书　　号：ISBN 978-7-5557-1036-3

版权所有，翻版必究
如发现印装质量问题，请与承印厂联系退换

前　言

　　古希腊哲学家泰勒斯指出："做什么事情最容易，向别人提意见最容易；做什么事情最难，管理好自己最难。"所以，有人说"伟大不是领导别人而是管理自己"。要管好自己，我们首先需要有强大的自控力。

　　自控力，即自我控制。指对自身的冲动、感情、欲望施加的控制，是一个人自觉地调节和控制自己行动的能力，是一个人成熟度的体现。自控力强的人，能够冷静地对待周围发生的事情，有意识地控制自己的思想感情，约束自己的行为，成为驾驭生活的主人。

　　科学家认为，我们每个人都有两个大脑——感性的大脑和理性的大脑，两种智力——智商和情商。在我们思考、决策、采取行动时，智商和情商在同时发挥作用，缺一不可。有些人可能拥有出众的容貌、傲人的学历、满腹的学问，却无法获得一个满意的工作岗位，无法达成一个小小的目标，甚至无法相信自己能够成功。他们的"病灶"在于自控力的缺失，自我情绪的放纵。故而说，性格决定命运。在社会生活中，性格的力量不可忽视。性格好的人会更加受人欢迎，如鱼得水，成为社会活动的中坚力量，而性格不好的人则会被排斥和淘汰，失去机会。

　　我们每个人的性格中都或多或少有负面成分，每当我们因失去自制、被这些负面性格掌控，而没有兑现自己的承诺或达到自己的期望时，就不免会有深深的自责、内疚，甚至会觉得自己没有价值、没有能力、无药可救。是否可以摆脱负面性格的奴役，培养起强大的自控力，进一步完善自己的性格及行为呢？

　　自控力的本质在于对于自我情绪及心态的调控，秉持自我完善的强烈渴望并能够长期地坚持，不断在实践修习中努力突破自己。本书主要介绍如何管好自己的非理性，也就是如何使自己远离抱怨、执念、胆怯、嫉妒、自私、虚荣、悲观、冲动、仇恨、焦虑、紧张、依赖等负面情绪，让自己变得热情大方、积极包容，引导读者在今后的生活实践中，既自觉地修炼和提高自控力，又灵活运用自控术，实现由内及外的自我管理。本书将方法与案例相结合，使之更通俗易懂，方便掌握。

　　权力最终属于有自控力的人，只要我们多多磨炼，就能够做一个"自控高手"，营造一种有利于自己生存的宽松环境，在工作和生活中游刃有余。

2018 年 8 月

目 录

第一章　自我即仇敌：战胜自己，你就赢了
　　控制不了自己，就控制不了别人 / 002
　　做心情的主人 / 005
　　走出缺陷的阴影，生活即将放晴 / 008
　　心灵的缺陷比身体的缺陷更可怕 / 011
　　成功的敌人是自卑，生命的绞索也是自卑 / 013
　　不正面迎向恐惧，就得一生躲着它 / 017
　　没有不可能的事，只有不敢做的事 / 021
　　告诉自己"我能行" / 025

第二章　自控心性：从现在起，做一个快乐的人
　　你容易被别人的坏情绪感染吗 / 028
　　从小事开始远离抱怨 / 032
　　学会释怀，生活会更幸福 / 034
　　打破烦恼的习惯，做个快乐的人 / 036
　　坦然面对无法改变的不幸 / 039
　　打开自闭的心灵，寻找快乐的天堂 / 042
　　最快乐的事情便是付出与分享 / 046

比上不足是挑战，比下有余是开悟 / 049

第三章　心灵越狱：你不恨这个世界，这个世界就不会恨你
愤怒是心理病毒 / 052
身边的敌意需留意，憎恨的火焰要熄灭 / 054
憎恨会让你四面受敌 / 058
对他人的不完美要给予理解 / 060
为对手喝彩 / 062
乐于向对手学习 / 066
包容别人的缺点，放弃憎恨 / 069

第四章　保持理性：从此不再焦虑和紧张
将焦虑情绪的限度降到最低 / 074
让忙碌占据一切，让自己没有时间忧虑 / 076
别让"成功焦虑"搅乱自己 / 079
保持理性，避免紧张情绪 / 082
告别将弦绷得太紧的生活 / 085
要抛弃本不属于自己的压力 / 088

　　　　掌握节奏，张弛有度／091
　　　　让自己远离工作低潮的途径／094

第五章　不再依赖：你的人生只能由自己选择
　　　　点亮人生的希望／098
　　　　命运掌握在自己手中／100
　　　　生命需要自己设定／102
　　　　为自己的人生定位／104
　　　　选择是掌握自己命运的重大力量／107
　　　　直面批评，勇往直前／109
　　　　走自己的路／112

第六章　承受挫败：成功都是用坚持熬出来的
　　　　进取心可以使一切皆有可能／114
　　　　发挥潜力，战胜困难／117
　　　　风雨之后总会有彩虹／120
　　　　黑暗只是光明的前兆／122
　　　　面对挫折，抓住每一个成功的机会／124

能够承受痛苦，生活才会更加美好／126
心灯不灭，就有成功的希望／129
信念使我们离成功更近／132
用信念支撑行动，战胜困难／135

第七章 拒绝拖延：没有行动，你靠什么成功
成功需要积极进取／138
执行到位不拖延／142
把效率放在第一位／147
勤奋让你走向卓越／154
不让一日闲过／159

第八章 细致认真：严控行动，杜绝意外
脚踏实地才能走得更远／166
马虎大意是工作的致命伤／169
养成谨慎细心的工作习惯／173
细节是一个人心灵的真实反映／180
做事尽量谨慎些／182

第一章
自我即仇敌：战胜自己，你就赢了

控制不了自己，就控制不了别人

只有能控制住自己的人，才有能力控制别人。连自己都控制不好，又何谈去控制别人。

这是因为，一个人如果不具备自我控制的能力，不管他是什么人，都会被轻而易举地打败。

一个自我控制能力强的人，即便在情绪非常激动的状况下，也能很好地控制自己。如果只凭自己的感觉去做事，那自己永远只能做情绪的奴隶，只有战胜自己的情绪，才能证明自己具备控制自己的能力。

然而，控制好自己并不容易。每一个人的心里都有自己的思想和感情，控制自己和自我约束，都需要能克制住自己内心深处的感情和一些其他的欲望。而对多数人而言，克制情绪是很困难的。

人只有从长远的角度出发去考虑问题，才不会把控制自己的感情与限制自由混为一谈。生活中，不论什么人都需要努力去做有意义的事情，向着自己的目标进发。

人的人品道德大多是在自己的性格、知识、家庭环境以及亲人朋友的影响下形成的，但更多的影响来自于自控能力。如果你想让自己更有能力克服成功路上所遇到的阻碍，就必须要具备自我调节和控制的能力。

一次，成功学大师拿破仑·希尔和办公大楼的管理员发生了一些误会。这些误会使他们之间形成了一种敌对关系。当希尔一个人在办公室工作的时候，管理员为了表示他对希尔的不满，就把整栋大楼的电全都停掉了。

这样的情况出现了好几次。某天，希尔正在办公室里准备第二天的演讲稿，突然间又停电了。

希尔气急败坏地站起来，跑到大楼地下室——他知道能在这里找到管理员。当他站到管理员面前时，看见管理员正在往锅炉里加煤炭，一边干一边吹着口哨，好像什么事都没发生过。

希尔想都没想就对着管理员破口大骂，用了许多很难听的话来咒骂他。

几分钟后，希尔实在是想不出还能用什么样的词来骂他了，只好停了下来。这时候，管理员站起来，微笑着对希尔说："你今天有些激动啊。"

这句话就像利剑一样刺进了希尔的心里，他灰溜溜地返回了办公室。

可以想象当时希尔心里的感受。在希尔眼里，管理员只算是一个文盲，没知识、没文化，但他却在这场舌战中轻而易举地战胜了自己。而且，这个战场和武器都是希尔自己选择的。

希尔明白，他不但失败了，而且还是他自己主动申请的失败，所以是他错了。想到这里，希尔觉得自己良心上有些过意不去，同时也感到有点难堪。

希尔意识到，必须要去向管理员道歉才能让自己的内心平静下来。他的心里有些矛盾，到底要不要去跟管理员道歉呢？许久，他终于下定决心再去地下室，必须要勇敢面对这次羞辱。

希尔鼓足勇气来到地下室，走到管理员跟前。管理员看见他，用很温和的口气问："你又来干什么？"

希尔表情十分严肃地说："我是来向你道歉的，希望你能接受我的道歉。"管理员还是微笑着对他说："你没必要跟我道歉。除了四周的墙壁，以及你我以外，没有人会听到你刚才的话。我不会说出去的，你肯定也不会说出去。那么，我们就当什么都没发生过吧！"

这几句话对希尔而言，比上次的话更具杀伤力，因为管理员不但没有怪他，而且还帮助他隐瞒这件事，不宣扬出去，以帮他避免不必要的伤害。

希尔走过去用力握住管理员的手。此刻，他发自内心地感激这位管理员。之后，他回到了办公室，感觉很愉快，因为他有勇气去承担他所犯下的错误。

经过这件事之后，希尔下定决心今后一定要好好管理自己，不能再失去自制能力。因为一个人一旦失去了自制能力，就很容易被人战胜，从而遭遇失败。

此后，希尔出现了很明显的改变，他的每一句话都更加有分量，在写作上也发挥出了更大的才能。因此，在与人交往中他常常很轻松地就能得到大家的赞许。

这件事对于希尔而言，是其人生中的一个很重要的转折点。他说："这件事也让我明白了一个道理，一个人只有先控制好了自己，才能去控制他人。"

做心情的主人

如果你觉得自己诸事不顺，简直倒霉透顶了，不要认为这是生活在故意为难你，多半是你的心情错了。

试着掌控你的情绪，做心情的主人，因为世界上只有糟糕的心情，没有糟糕的事情。糟糕的心情就是消极心态的衍生物，拥有这种心态的人，在人生的整个航程中处于"晕船"的状态，觉得生活没有意义，对将来总感到失望。而与之相反，好的心情则来自积极的心态，这种心态将会促使你充满力量，去获得财富、成功、幸福和健康。

对于积极的人来说，没有什么事情坏到了极点，也没有什么境遇能把自己逼到走投无路。再糟糕的事情，只要不灰心，抱着积极的心态，就一定会柳暗花明。

一个天生快乐的孩子与一个天生不快乐的孩子有着截然不同的生活态度。天生不快乐的孩子看见自己的卧室中有一堆新玩具，却哭丧着脸没有丝毫的快乐可言。爸爸问他为什么不开心，他说："这么多漂亮的玩具，我担心会被别人偷走。"天生快乐的孩子看见自己的卧室中有一堆马粪，马上跑到爸爸的面前兴奋地说："爸爸，爸爸，太好了，我卧室里有马粪，附近一定有小马，我们去骑吧！"

哪怕生活再糟糕，如果你有一颗快乐的心，就看不见那些令人沮丧的一面。可见，快乐与不快乐取决于你的生活态度。乐观主义就是遇到困难也会以乐观的生活态度待之，从而事事都快乐；悲观主义就是事事如意也会无中生有地想些困难出来，从而无论怎样也不快乐。

维克托·弗兰克尔什么罪也没有，只因为他是犹太人，就被抓到了纳粹德国某集中营。接着，他又被转送到各个集中营，甚至被囚在奥斯维辛数月之久。但是他从没有放弃对自由的希望、对生的渴望。

他每天都坚持刮胡子，不管身体多么衰弱，就算是用一片破玻璃当作剃刀，他也坚持每天都把胡子刮得干干净净。因为每天早晨，当囚犯列队接受检查时，那些生病不能工作的人就会被挑出来，送入毒气房。而刮了胡子，则能让自己看起来脸色红润，健康状况不错，就能逃过被送入毒气房的一劫。

但是，他的身体仍然在每天两片面包和三碗稀麦片粥的供应之下日趋衰弱，而且他还要忍受超额的劳动，常常是半夜三点就被喊起来去工作。

维克托·弗兰克尔时刻都在想着用什么样的办法能逃出去。同室的伙伴知道了他的想法，都嘲笑他异想天开——来到这个鬼地方，从来就没人想过能活着出去。既然来了，就老老实实干活吧，兴许还能多活几天。

维克托·弗兰克尔不相信自己会死在这里，他一定要活着出去。机会终于来了。一次，在野外干活，他看到了不远处的一堆赤裸的死尸，生的希望也许就在这里了。于是，趁着黄昏收工时刻，他钻进了大卡车底下，把衣服脱光，趁人不注意，悄悄地爬到了那堆死尸上。尸体散发出难闻的气味，还有蚊虫的叮咬，他都咬牙一动不动地忍着，直到深夜，他确信周围无人了，才爬起来光着身子一口气跑了70多公里。

维克托·弗兰克尔逃了出去，他从那个从来没有人活着出来的鬼地方逃了出去，这真是一个奇迹！他后来对人说："在任何特定的环境中，人们还有一种最后的自由，就是选择自己的态度。"

事情是否糟糕取决于你的心情是否糟糕，如果你的心态是积极的，那么不管遇到多么糟糕的事情，都能找到化解的方法。

事实上，每一件事物都有不同的面，我们所见的往往并非是事物的全部。大部分情况下，你要寻求什么，你的眼睛就会看见什么。正如心情沮丧的时候，绝对不会看到明媚的阳光；心境愉快的时候，就算是嘈杂声也会变成欢笑。

看见别人蹦蹦跳跳很快乐，请你不要去羡慕别人，因为你自己也可以这样。想想大家面对的是同样的世界、同样的社会、同一片蓝天，就算是世界末日也不是只有你一个人去面对。别人可以快乐，你为什么不可以呢？只要你的心情不糟糕，就没有什么事情是糟糕的。

走出缺陷的阴影，生活即将放晴

　　我们常常误解了幸福和完美的意义，认为只有完美的生活才是幸福的。许多人从出生起，就需要面对不幸、面对不足。先天的不足自然无法拒绝，所以与其终日为这些缺陷而苦恼，还不如乐观地看待它们。缺陷是不能改变的，能改变的是我们对待缺陷的心态。心态不一样，所造就的结果也会千差万别。

　　约翰·库缇斯出生后让所有人都震惊了：这个孩子下肢严重畸形。经检查，医生诊断出他患有先天性骨发育不全。

　　要想孩子活下来，必须做手术。父母忍痛将孩子送上手术台，经过切口手术，库缇斯虽然可以像正常人一样排便了，但是每次都要经历巨大的痛苦。

　　从小，库缇斯就被认为是个怪物。读小学时，没人同他做朋友，不懂事的孩子们还经常欺负他。

　　一次，几个学生用胶带封住他的嘴，将他扔入垃圾桶，之后还点火烧他，幸亏老师及时发现，把他救了出来。

　　库缇斯就在这样的折磨中升入了高中，但是阴影并未消散。有一次上幻灯课，库缇斯因突然感到腹痛而去厕所，幻灯室内光线很暗，他每用双手"走动"一步，都感到掌心被扎得钻心的痛。爬出教室后他才发现，双手已是鲜血淋淋。原来，搞恶作剧的同学们在地上撒上了图钉。

17岁的时候，正在参加考试的库缇斯发现自己跷在背后的毫无知觉的腿，被捣蛋的坏孩子用铅笔刀割得血肉模糊，两个脚趾还被切掉了……因担心感染，他不得不做手术截去了毫无用处的双腿。

库缇斯受够了，他不想再过这样的生活，于是他找来爸爸的手枪想要自杀，幸亏被及时赶来的妈妈制止了。妈妈说："约翰，你是我们生命中所遇到的最可爱的孩子！永远都是！"爸爸也说："每个人都肩负自己的责任，而你的责任就是要给别人做出榜样！"终于，在父母爱的感染下，库缇斯重新点燃了生命的希望之火。

高中毕业后，库缇斯希望自食其力，他费尽千辛万苦在一家杂货铺找到一份工作。后来，他又做过销售员、技术工人，还在一个仪表公司拧过螺丝钉。尽管生活对他而言充满艰辛，但是能够自食其力，这令他非常开心。

库缇斯虽然身体残疾，但是爱好体育运动。由于他没有双腿，做事全靠双手的力量，所以他的臂力大得惊人。1994年，库缇斯获得了澳大利亚残疾人网球赛的冠军；2000年，他拿到澳大利亚体育机构的奖学金，还在全国健康举重比赛中排名第二。

一次，他应邀对自己的经历作简短演讲，很多观众听了都潸然泪下。这让库缇斯决定再次走上讲台，讲述自己所经历过的恐惧和忧伤，挣扎和拼搏，以此激励他人。于是，一个偶然的演讲机会，开创了他人生的全新局面。其中的一次简短的演讲甚至还让一个女孩放弃了自杀的念头。从那以后，他开始到世界各地演讲，他的故事激励着很多人，让更多的人走出了阴暗，走出了生命的低谷。

库缇斯鼓励那些和年少时期的他一样觉得自己很糟糕的人，他说："不管你认为自己有多么不幸，这个世界总会有人比你更加不幸。每个人都有缺陷，但我认为我很幸运，因为我明确懂得自己的缺陷是什么。"

生活中，很多人抱怨自己的缺陷，并为它的存在而一味自卑、自暴自弃。其实，我们应该拥抱不完美的自我，采取合理的办法，学会与缺陷共同生活、共同相处，学会包容它，把这块通向成功之路的"绊脚石"转变成"铺路石"，这样，生活就会逐渐放晴。

心灵的缺陷比身体的缺陷更可怕

金无足赤,人无完人,不管伟人还是凡人,都会有各自的不足。比如,有的人身陷挫折,有的人天生残疾,有的人家庭不幸。其实,芸芸众生都有自己的烦恼和不足。如果你要求自己变得十全十美,那么抱怨也就会越来越多。

美国姑娘艾美和英国姑娘希茜有很多共同点。她们聪明、美貌,但都有残疾。

艾美出生时两腿没有腓骨。在她一岁的时候,她的父母做出了充满勇气但备受争议的决定:截去艾美的膝盖以下部位。艾美在父母的怀抱和轮椅中长大。后来,她装上了假肢,凭着惊人的毅力,她现在能跑,能跳舞,能滑冰。她经常在女子学校和残疾人会议上演讲,还做了模特,已经成为时装杂志的封面女郎。

与艾美不同的是,希茜的残疾不是与生俱来的,她曾参加英国《每日镜报》的"梦幻女郎"选美,并一举夺冠。1990年,她赴南斯拉夫旅游,决定定居在那里。当地内战期间,她帮助设立难民营,并用做模特赚来的钱设立希茜基金,帮助因战争而致残的儿童和孤儿。1993年8月,她在伦敦被一辆警车撞倒,肋骨断裂,还失去了左腿,但她没有被这一不幸击垮。她后来奔走于车臣、柬埔寨,呼吁禁雷,防止更多人伤残。

有缘的是，希茜和艾美在约见著名假肢专家时相识。后来她们情同姐妹。

她们虽然身有残疾，但并未因此而抱憾终身，反而觉得这种奇特的人生体验给了她们坚忍的意志和顽强的生命力。借助假肢，她们照样可以行动自如。

艾美说："我虽然截去双腿，但我和其他女人没有什么不同。我爱打扮，希望自己更有女人味。"

希茜和艾美没有自怨自艾，抱怨人生。她们和别的肢体健全的姑娘一样，也有着自己的爱情。她们的人生是丰富多彩的，并没有因为身体上的缺陷而使人生失去色彩。

每个人都有缺陷，也会有长处，就看你如何看待。其实，身体上的不足并不算什么，但如果你因为身体的缺陷而使心灵变得残缺，那才是最大的不幸。所以，唯有用正确的心态来看待这些缺陷与不足时，抱怨才会越来越少，幸福才会越来越多。

成功的敌人是自卑，生命的绞索也是自卑

性格的严重偏差就是自卑，表现为对自己的能力、品质评价过低，同时伴有一些特殊的情绪体现，诸如害羞、不安、内疚、忧郁、失望等。总之，失败是人产生自卑最根本的原因，如果一个人经常遭到失败和挫折，其自信心就会日益减弱，自卑也会与日俱增。自卑的产生会抹杀掉一个人的自信心，本来很有能力的人，却因怀疑自己而失败，显得处处不行、处处不如别人。因为自卑往往对生活和工作产生很大的影响，所以给人的心理、生活带来的不良影响亦很大。

在生活中，挫折不可避免。面对挫折的时候，人们一般会悲观地怨天尤人，特别是性格内向的人，稍微受挫就会给其沉重的打击，从而形成严重的自卑心理。当人面临一种新局面时，大多会自我衡量是否有能力应付。性格内向的人对自我的认识不足，总是认为自己不如别人，这种悲观的心理对于自信心是很大的打击，使人产生心理负担，限制能力的发挥，工作效果也不佳。而且这种情况还容易形成恶性循环，使人的自卑感越来越严重。在生活中，人们常常比收入，比学历，甚至比相貌，这些事儿都在或明或暗地进行着，更有一些人竟然把这些东西当作另一种认识自己的方法。还有些人身陷其中，总是拿自己的短处比别人的长处，结果越比越觉得自己不如人，越比越泄气，最后想不自卑都难了。

通俗地说，自卑的人一般瞧自己都不太顺眼，总觉得自己矮人一截。当然，这种"不顺眼""矮一截"都是以别人为参

照对象的。"我皮肤黑",是与别人相比起来黑;"我个头矮",是相对于高而言的;"我的眼睛小",正是因为世界上有许多大眼睛的人,才衬托出了你眼睛"小"。这些和别人不一样的地方就摆在那里,让你藏不了、躲不了、否认不了,于是导致你产生了自卑的心理。

奥地利著名心理分析学家阿尔弗雷德·阿德勒在《自卑与超越》这本书中提出了创建性的观点,他认为人类的所作所为都是出自"自卑感"以及对于"自卑感"的克服和超越。

阿德勒认为,人人都有自卑感,只是有的人程度深,有的人程度浅而已。从环境角度看,个体对自己的认识往往与外部环境对他的态度和评价紧密相关,这个观点早已被科学家所证实了。假如一个人的书法写得很不错,但如果他能接触到的所有书法家和书法鉴赏家都一致对他的作品给予否定评价,那么就会导致他对自己的书法能力产生怀疑,从而产生自卑心理。从主体角度来看,环境因素与自卑的形成有着密不可分的关系,但其最终形成还要受到个体的生理状况、能力、性格、价值取向、思维方式及生活经历等个人因素的影响,尤其是童年的经历对其影响颇深。弗洛伊德认为,童年经历不幸的人更易产生自卑。我们都有过这样的体验:孩提时,会觉得父母比我们大,而自己是最小的,要依靠父母;同时,父母也会强化这种感觉,令我们产生了自己需要依赖别人的感觉,从而产生了自卑。

在生活中,有谁愿意成为一个自卑的人呢?肯定没有。每个人在生活中都不会说"我是自卑的",这表明他知道"自卑"不是一种良好的心态。我们希望把自卑从内心深处拔出来,扔得远远的,从此挺胸抬头。因此,我们要下定决心只做自己,一个人一旦找到了自我,就会抛开所有的不幸。

李克曾经是个自卑的人，但是自从他从事心理工作开始，他就变得越来越自信了，这一点，可以从他参加会议时坐的位置得到证实。以前，他总是默默地躲在角落里，即便对某些问题有看法也不敢轻易发言；而现在，他总是坐在最前排，假如对某个问题有自己的看法，他就马上发表意见。这种变化归功于心理咨询，他在为别人排解心理困扰的同时，自己也获得了观察、了解、认识人的许多新角度和新方法，从而使他更加了解自身的价值。

小女孩兰妮的故事给了我们很大的启示：自卑都是自找的！

兰妮因为耳朵上的小孔十分自卑，于是去找心理医生咨询。医生问她那个小孔有多大，别人能看出来吗？她说只要她梳着长发，就能把小孔遮盖住，那是一个很小的孔，能穿过耳环，但是不在耳洞的位置上。

医生又问她："这个真的很重要吗？"

"哦，我比别人少了块肉嘛，我感到十分自卑！"

现实生活中存在着许多"兰妮"，这种人因为某种缺陷或短处而特别自卑。把这些缺陷或短处集中起来，几乎无所不包，诸如高矮胖瘦、皮肤太黑了、汗毛太粗了、嘴巴大、眼睛小、头发黄、胳膊细等，这些都能使人产生自卑感。

当我们把目光从自卑的人身上转到那些自信的人身上时，

你就会有新的认识：并不是上帝对他们宠爱有加，让他们成为完美的人。如果用"耳朵上的小孔"这样的尺度去衡量，其实他们也有很严重的缺陷。拿破仑的矮小、罗斯福的残疾、丘吉尔的臃肿……哪一条不比"耳朵上的小孔"更令人觉得懊恼？

自卑的人总是特别"善于"发现自己的缺陷、短处和生活中不利于自己的方面，然后放大这些缺陷，结果吓坏了自己——既然自己如此糟糕，用什么来和别人竞争呢？为了保护自己不被可能遭受的失败所打击，他们躲避竞争、回避交往，因此白白浪费了很多的机会。

不断遭受的挫折似乎在证明：你看，其实你就是不行的。恶性循环往往就是这样形成的。要想变得有自信，就必须让自卑感消失，但"打破"需要有点决心和勇气，同时还要讲究科学方法。若让一个很自卑的人做他根本就无法完成的事情，就只能增加他的焦虑。

"打破"是一个从认知到行为的过程，如果没有认知上的改变，就无法在行为上得到真正的改变；如果没有行为上的突破，那自然就不能寻求新的改变。

自卑是心理上的一道无形门槛，对你的快乐是一种妨碍。它犹如一扇关着的窗，阻挡阳光照进屋里，如果你想让屋子明亮，那就要打开这扇窗，让阳光温暖你屋子的每个角落。

不正面迎向恐惧，就得一生躲着它

"西点军校史上最英俊的学员"麦克阿瑟就是一个没有畏惧心理的人。在把德军从奥尔克河赶走的过程中，他在雨夜里身穿大衣、头戴钢盔冲在84旅的前方，以这种方式带兵作战的将领大概只有他一人。在一次执行任务的过程中，他遭到两名游击队员的袭击，一颗子弹掀掉了他的军帽，他拔枪还击，打死了这两名游击队员。

1918年2月中旬，麦克阿瑟率彩虹师开进洛林南部吕内维尔防区的堑壕。2月26日，他乔装打扮，手提马鞭，脸上涂泥，随法国人的突击队去袭击德军阵地。在异常激烈且残酷的战斗中，最后大约有600名德国人被俘，其中有一名德军上校是麦克阿瑟用马鞭击中擒获的。

提到麦克阿瑟非同一般的勇气，他的师长这样说道："在英雄主义和勇敢行为非常普遍的地方，他的勇敢是很杰出的。"有一次敌军进行炮击，他镇静地坐在指挥所里无动于衷，他身边的参谋人员都为他捏一把汗，他却对他们说："整个德国还没造出一发能打死麦克阿瑟的炮弹。"

在麦克阿瑟就要卸任师参谋长去任旅长的时候，彩虹师师部的参谋们给了他一个永久的纪念，一枚金质烟盒，上面刻着："给勇者中的最勇者。"这个铭文可能是美军参谋军官中独一无二的。

巴顿曾在一场战役中写信给自己的妻子说:"我正好行进在一个旅的阵地上。他们都卧倒在弹坑里,但麦克阿瑟将军没有,他站在一个小高地上……我走过去,一阵炮火向我们袭来……我想两个人都想离开但又不肯开口,于是我们就等着炮火向我们扑来。"当时,一发炮弹在他们身边爆炸,尘土扑面而来,巴顿直直地站着,但向后退了一步。"别害怕,上校,"麦克阿瑟幽默地说,"你是听不到打中你的那发炮弹的。"这一天,麦克阿瑟在战场上的表现使他赢得了第五枚银星勋章和巴顿永久的尊敬。巴顿告诉家人,麦克阿瑟是"我见过的最勇敢的人"。

勇敢是信心的朋友,恐惧是信心的死敌。如果面对成功的时候心存太多的恐惧和忐忑,很容易与成功擦肩而过。特别是失败留下的沉重阴影,更容易在潜意识里牵引着我们不知不觉地重复失败的老路。

恐惧极大地削弱人的能力,它往往会破坏人的思维能力,毁灭一个人的创造性、激情和自信。恐惧能对一个人的思想、情绪和各种努力产生不良的影响。

失败的人不一定懦弱,而懦弱的人却常常失败。因为,懦弱的人害怕有压力的状态,因而他们害怕竞争。在对手或困难面前,他们往往不善于坚持,而选择回避或屈服。

懦弱通常是恐惧的伙伴。懦弱带来恐惧,恐惧加强懦弱。它们都束缚了人的心灵和手脚。恐惧的字眼和言语,常常将我们所恐惧的东西招致身边。

最坏的一种恐惧,就是常常预感着某种不祥之事即将发生。 这种不祥的预感，会笼罩一个人的生命，像云雾笼罩着爆发之前的火山一样。 世界上没有永远的成功者，也没有永远的失败者。 有人畏缩，得到的也会失去；有人勇敢，失去的也会重新得到。 只要不断尝试、不断磨砺，我们就一定能战胜恐惧。 告别恐惧，勇敢地朝前走，别人能做到的我们也能做到。 畏惧是人生路上一道深深的壕沟，跨过去你就拥有了出路和希望。

恐惧会在人的头脑中引发一场思想的浩劫，使人臆想各种各样不祥的事情。而信心则是治愈恐惧的一剂良药，因为恐惧只看到黑暗和阴影，而信心则能看到云朵边缘的阳光和云层背后的太阳。 恐惧向下看，总是往最坏的方面想；而信心则往上看，总是往最好的方面想。 恐惧使人悲观，而信心使人乐观。

1983年，伯森·汉姆徒手登上纽约帝国大厦，在创造了吉尼斯纪录的同时，也赢得了"蜘蛛人"的称号。美国恐高症康复协会得知这一消息，致电"蜘蛛人"伯森·汉姆，打算聘请他做康复协会的心理顾问，因为在美国，有数万人患有恐高症，他们被这种疾病困扰着，有的甚至不敢站在椅子上换一只灯泡。

伯森·汉姆接到聘书，打电话给协会主席诺曼斯，让他查一查他们协会里的第1042号会员情况。这位会员的资料很快被调了出来，他的名字叫伯森·汉姆，就是"蜘蛛人"自己。原来，这位创造了吉尼斯纪录的高楼攀登者，本身就是一位恐高症患者。

诺曼斯对此大为惊讶。一个站在一楼阳台上都心跳加快的人，竟然能徒手攀上400多米高的大楼，这确实是件不可思议的事情，他决定亲自去拜访一下伯森·汉姆。

诺曼斯来到费城郊外伯森·汉姆的住所。这儿正在举行一场庆祝会，十几名记者正围着一位老太太拍照采访。原来，伯森·汉姆94岁的曾祖母听说他创造了吉尼斯纪录，特意从100千米外的葛拉斯堡罗徒步赶来，她想以这一行动，为伯森·汉姆的纪录添彩。

谁知这一异想天开的想法，无意间竟创造了一个百岁老人徒步百里的世界纪录。

《纽约时报》的一位记者问她："当你打算徒步而来的时候，你是否因年龄关系而动摇过？"老太太精神矍铄，朗朗地笑着说："小伙子，打算一口气跑100千米也许需要勇气，但是走一步路是不需要勇气的，只要你走一步，接着再走一步。然后一步接一步，100千米也就走完了。"

诺曼斯问伯森·汉姆："你的诀窍是什么？"伯森·汉姆看着自己的曾祖母说："我和曾祖母一样，虽然我害怕400多米高的大厦，但我并不恐惧一步的高度。所以，我战胜的只是无数个'一步'而已。"

困难只能吓倒懒汉懦夫，而胜利永远属于攀登高峰的人们。

我们也许没有能力一次就取得一个大成功，但我们可以积累无数个小成功。一个小成功并不能改变什么，但无数的小成功加起来就可以让我们成为巨人。

没有不可能的事，只有不敢做的事

没有不可能的事，无论什么时候，都不要被别人的"不可能"论调所左右，每个人的能力和思考方式是不同的，在别人产生疑惑时，你的勇敢与大胆也许就能将不可能变为可能。

一位西点新学员在"野兽营"训练时被要求做"换装训练"——在30分钟内把十几套制服换一遍，而且还要合乎西点军校的标准。这在常人看来是不可能办到的，同时也很滑稽，可是这个学员就要让自己达到目标。他拼命地练习，进行了上百次的重复。虽然在他看来，这确实是一件并没有什么意义的事，但他却把它当作是对自己的考验，而且最终完成了这项任务。

没有不可能的事，只要你敢做，一切皆有可能。大胆去想、大胆去做，就像巴顿说的："去攻击你的目标，永远不要撤退，至少要下定决心不要撤退。因为战争只有三个原则：大胆！大胆！大胆！"当人们都认为巴拿马运河的开通是项不可能完成的工程时，毕业于西点军校的乔治·华盛顿·戈瑟尔斯却创造了这一奇迹。

闻名世界的巴拿马运河由于"连接南北美，沟通两大洋"，而被称为"世界的桥梁"。它是一条黄金水道，总长82千米,宽304米,最窄的地方也达到152米,被誉为是"世界七大工程奇迹之一"。

巴拿马运河的开凿是一段不平凡的历史,是一项所有人看来都不可能完成的工程。对当时的美国总统罗斯福来说,乔治·华盛顿·戈瑟尔斯是承担这个"大任务"的理想人选。戈瑟尔斯毕业于西点军校,是著名的工程技术专家。当时是一个构建国际贸易的时代,把大西洋和太平洋连接起来是全世界所有政治家的梦想。但是,这一梦想的实现却让数不清的优秀工程师们接连受挫,望而却步。

1907年,48岁的陆军工程师戈瑟尔斯接受了开凿巴拿马运河的任务。他不喜张扬、精明强干,接到任务后,戈瑟尔斯说:"我必须奉命行事,没有选择的余地。"

戈瑟尔斯发现自己负责的是当时世界上最大的工程,也是最难的工程。虽然前面数不清的工程师在面对开凿运河的巨大困难时都半途而废,但戈瑟尔斯却更坚定了自己完成任务的信心和勇气,这种大胆的、挑战"不可能"的精神使他获得了成功。巴拿马运河于1913年完工时,创下了包括投入的混凝土数量、挖掘的土方量等数十项世界纪录。

戈瑟尔斯对巴拿马运河开凿的历史了如指掌。20年前,法国人企图征服巴拿马地峡,但炎热和潮湿的气候却使法国人铩羽而归,疟疾、黄热病、天花、伤寒等热带疾病导致数以千计的开凿运河的工人死亡。但戈瑟尔斯却没有被法国人的失败吓倒。他接受开凿运河的命令后立刻着手解决蚊子传播疾病的问题。他组织军队在巴拿马地峡使用了数百吨化学药品和煤油来消毒。一年半后,黄热病被彻底消灭了。

取得了控制疾病方面的胜利后,戈瑟尔斯开始了开凿运河的工作。可是不久,他才真正明白他所承担的是一项什么样的任务——很少有美国人能够在离赤道这么近的地方工作。在巴拿马运河的主要水道库莱布拉卡特,一天中最热时的温度为37℃~54.4℃;戈瑟尔斯最初估计开凿运河需要挖掘5400万立方码的泥土,而到了运河完工时,挖掘的泥土却已经接近一亿立方码;在库莱布拉卡特水道与其他地方的岩石中开凿出一条运河用掉了6100万磅的炸药,并夺去了数以千计工人的性命。但是,所有这些困难都不能与滑坡相比。滑坡几乎难以阻止,它使巴拿马运河的开凿时间延长了好几年。但是,即使困难再大,戈瑟尔斯也坚信自己一定能完成任务,他雷厉风行的作风使人们称他为"暴君"。在开凿期间,他发挥着自己独裁的威力,自如地使用着这种统治方式,但他的统治是建立在绝对公正之上的。他的大胆无畏和他的公平友爱是永远结合在一起的。他认为,权力就是要用来做正确的事情。

1913年,巴拿马运河终于完工了,它的最终花费高达3.52亿美元。但它发挥的价值远比它的造价更"昂贵",至今它还在发挥着巨大的作用。巴拿马运河甚至在美国个性的塑造方面也起了重大作用。

戈瑟尔斯大胆地挑战,使巴拿马运河开凿成功。戈瑟尔斯曾经说过:"要想成功地完成一项任务,你不仅要发挥自己最大的能力去完成它,还要确保让你所管理和指导的每一个人也发挥他们最大的能力。"他还有一条座右铭:"事情要先做起来,只要成功了,所有的难题就全部不攻自破了。"

让我们记住这句话:只要勇敢地去做,就没有不可能!永远不要被"不可能"三个字束缚和左右。有时,我们只要再向前迈进一步,再坚持一下,"不可能"也许就变成了"可能"。成功者的一生,必定是与风险和困难斗争的一生。只要有勇气,勇于挑战"不可能",你就完全可能获得人生考试中的满分。

告诉自己"我能行"

我们最大的敌人更多时候是我们自己的内心世界。千万不要在败给对手之前就败给自己，一旦开始行动，就要将全部的忧虑和担心统统丢弃。不管遇到多大的困难，都要笑着告诉自己："我能行。"不管面对多大的压力，都要坚持为自己加油助威："我能行。"

有一个小男孩儿，很小的时候母亲就因病去世了，于是他被交由贫困的祖母抚养。男孩儿的学习成绩很糟糕，每次考试都排在后面，因此，很多孩子不愿意同他玩耍。为此，他深感自卑。

男孩儿也曾努力过，早起晚睡，将所有的精力都投入到学习中，只为了能在同学们面前趾高气扬一回，但还是以失败告终。中学毕业考试，他的成绩在全校排倒数第七，这意味着他将失去深造的机会。

毕业典礼这天，男孩儿垂头丧气地走出家门，但他没有去学校，而是只身一人到了公园。公园里有一群小朋友正在草地上玩高尔夫球，这是一种他从没接触过的东西，出于好奇心，他请求和孩子们一起玩。结果十分出人意料，连续10杆，男孩儿很惊人地将这些球全都打进了洞里。男孩太激动了，以至于把毕业典礼都遗忘在了脑后。他飞快地跑回家，对祖母说了整件事情的经过。

祖母听了非常开心,并且不断地鼓励他,还把他带到佛罗里达州的一个职业中学报了名。从那时开始,男孩儿自己做了一根球杆,总是一个人在空旷的地方勤加练习。在祖母的期望和鼓励下,男孩慢慢地消除了自卑心理,他付出了比别人多10倍的努力,终于在2000年的佛罗里达州的职业比赛中一举成名。

我们所谈及的这个小男孩儿就是美国著名的高尔夫球星——吉姆·福瑞克。在一次采访中,吉姆·福瑞克说:"这个世界上不存在任何形式的必然实现的成功,但是只要你相信自己,勇于放弃你无法做到的,敢于坚持你所选择的,成功就会逐渐靠近你。"

"只要是头脑可以想象的,只要是自己相信的,实现它就是指日可待的。"这句话出自美国成功学的创始人拿破仑·希尔博士。 他提醒我们,要时时刻刻相信自己能发挥出作用,有朝一日一定有机会大展宏图。

许多时候,如果你反复地对自己说你可以做到某件事,不论它有多艰难,你都能办到。 相反,如果你对待那些最简单的事情都觉得无能为力,哪怕是鼹鼠丘,对你而言,也会变成高不可攀的高山。 这就是源自于心理暗示的力量。

各种各样的忧虑充斥着我们的生活,遇到困难的时候,给自己一些鼓励吧! 或许你真的没有做成这件事,不过我们不必对我们已付出努力的事情产生悔意,毕竟,整个过程对你来说已经是一笔相当可观的财富了。

第二章
自控心性：从现在起，做一个快乐的人

你容易被别人的坏情绪感染吗

情绪是可以传染的，不管是积极还是消极的情绪都具有传染的因子。如果是好的情绪自然好，但我们能受好情绪的感染，也会受到别人坏情绪的影响。

清早，刘涛刚刚进入工作状态，就听到坐在对面的王震气呼呼地说："迟到两分钟就要扣钱，真不是人过的日子。扣吧，真没劲，早想跳槽了。"

王震的抱怨把刘涛从工作状态中拽了出来，抬头看看表，9点过5分，看来王震又迟到了。王震是一个喜欢把个人情绪当众展示的人，非常喜欢抱怨，所以办公室里经常会听到他的牢骚声，言语里总是充满了挑剔，刘涛感到自己时常会受他情绪的影响。

刚进公司的时候，刘涛虽然没有踌躇满志准备大干一场的劲头和激情，但对工作还是充满热情的，他渴望通过自己的努力得到上司的赏识。因为王震在公司已经4年多了，算是老员工，刘涛有什么问题自己无法解决时，就会虚心地向他请教，每次王震都懒洋洋地说："这有什么意思？想那么多干吗？说实话，我来的时候和你一样，结果呢？还不是这样？"也许王震的抱怨是无意的，但是已经大大削弱了刘涛的冲劲与热情。

有时候，刘涛也会与他争辩说："只要努力，就一定会有机会。"但王震会不屑地说:"算了吧,收起你的那点梦想吧,这个社会只有会混的人、有关系的人才有未来。你没看咱们公司那个小赵,比我还晚来一年呢,人家现在是部门经理,听说他是老板的远房侄子。还有那个来了半年就被提升的小李,听说是老板朋友的儿子。"

听了王震的话,刘涛就会想自己和老板没有任何"瓜葛",努力会不会有用?有时候,刚刚说服自己要努力,不要受别人坏情绪的影响,王震又会悄悄对他说:"我最近看好了一家公司,人家在市中心办公,办公室装得那才叫气派,听说公司有500多人,哪里像咱们这里,办公室不像办公室,上上下下加起来还不到100人……"

开始时,刘涛在王震的抱怨声中仍坚持着自己最初的信念,但后来慢慢动摇,他也渐渐觉得现在的工作没有前途,缺乏发展空间,那些自己订的短期计划、中远期计划,而今早已束之高阁。他想那有什么用呢,即便努力了,说不定将来也是和王震一样的命运。

刘涛已经被王震的负面情绪感染了,并严重影响到了自己的工作。一项调查显示,在职场上升迁,或是工作较有成就的人,绝大部分是在情绪上具有稳定性格的人,而不是才华横溢或者智商较高的人。这种稳定性格不仅包括能很好地控制自己的不良情绪,还包括对别人负面情绪的免疫能力。

无论是在工作中,还是生活中,我们的心情总是容易被别人的情绪所感染,那么,如何提高自己对别人坏情绪的"免疫力"呢?

首先,如果可以,请尽量远离消极情绪中的人。

如果一个人见了你,不是抱怨老板刻薄,就是埋怨天气不好,或者哀叹自己最近的运气多么差。那么,在他的引导下,你可能会想到自己老板的种种缺点,觉得阳光也不那么明媚了,也想到了最近遇到的几件倒霉事情。你应该尽量远离这样的朋友,否则就算你对坏情绪的"免疫力"再强,也不能保证长期与其在一起不受一点影响。

其次,凡事要有主见,专注于自己的心情。

没有主见的人,最容易受别人情绪的感染,当与你在一起的人比较消极的时候,你可以安慰他,尽量向他传递你的正面情绪,而不是被他拉入消极的旋涡。必要的时候,比如他是那种谁见了都想躲着的人,那么你就把他当作"病人",不理他就是了。

最后,寻找传递给你消极情绪的人的优点。

当你不得不与一个消极的人在一起时,比如他是和你在一个办公室工作的同事,每天至少有 8 个小时在一起,逃避不是办法,若是表现你厌恶的情绪,则会加重你的坏心情。不如换个角度去看问题,看看他身上的优点,想他除了爱发牢骚外,其实也有可爱的地方,如此转移你对他的注意力,然后你就会发现自己的心情也好一点。

我们都喜欢那些脸上永远灿烂的人,看到他们的微笑,自己的心情也会不自觉地好起来。但是谁都有心情不好的时候,比如超市的售货员不是每次都会对你热情有加,他们心情不好的时候，可能会对你爱答不理，甚至冷漠以待，那么，你是不是会因为他们的态度不好而生气呢？如果是这样，那么你每天的好心情几乎都会被别人破坏掉。

要学会控制自己的情绪，而不是让别人左右你的心情。加强自己对别人坏情绪的"免疫力"，只有这样才能每天拥有好心情。

从小事开始远离抱怨

生活中，许多人明知生气无益于身心健康，可又不容易将抱怨的源头从心中拔除。即刻起，请不要因小事而抱怨。久而久之，你就会与抱怨绝缘，与烦恼绝缘。

古时有一位妇人，很小的事也能让她生气。她明知不好却又改不过来。某一天，她听说一位高僧很智慧，便决定求教于他，希望高僧为自己谈禅说道，使自己的心胸开阔起来。

高僧听了她的讲述后，将她领到一座禅房，然后锁上门拂袖而去。

妇人看见高僧毫无道理就把自己锁在房中，开口便骂，并抱怨自己因愚蠢才到此处受气。她骂了许久，不见高僧理会，便乞求高僧，但仍无济于事。最后，妇人终于不说话了。

这时，高僧来到门外，问她："你现在不生气了吧？"

妇人说："我只气我自己为何至此处受罪。"

"连自己都不能原谅，又怎么能心如止水呢？"高僧说完依旧离开。

不久，高僧又问她："你还生气吗？"

"不生气了。"妇人答道。

"为什么？"

"生气也没用。"

"你的气还积压在心里。"高僧说完又离去。

当高僧第三次来到门前时，妇人说："我不生气了，因为不值得气。"

高僧笑道："还知道值不值得，可见心中还是有气根。"遂关门离开。

高僧第四次回到门前，还未开口妇人便反问高僧："大师，什么是气？"

高僧不语，只是将手中的茶水倾洒于地，说道："什么是气？气便是别人吐出而你却接入口里的东西，你吞下便会反胃，你无视它，它就会消失。"

人生苦短，有限的精力耗在抱怨上岂不可惜？因此，无须为琐碎之事耿耿于怀。生活中若没有抱怨，该多么舒心如意。

学会释怀,生活会更幸福

现实中,许多人作茧自缚,他们固守着尘封的世界,只知道在里面顾影自怜,却从来不敢突破自己去寻找快乐和幸福。他们将自己束缚在狭小的空间中,犹如井底之蛙,看到的只是自己的苦闷、忧愁,却不能看到生活中的快乐与幸福。

嫣就职于某文化公司,她有着高挑的身材、漂亮的五官。她对人亲切,工作认真负责,唯一的遗憾便是脸上长满了雀斑。为此,她感到很苦恼,甚至不敢随意在公共场合露面。别人看她时,她也会满脸羞红,总觉得自己的脸很难看。因此,当公司举办各种活动时,她都是孑然一身,从来不敢和公司的其他年轻人一起玩乐。

某一年,公司举行年终晚会,嫣依然端着酒杯躲在一个角落里,看着别人有说有笑。这时候,一位男士轻步上前,对她说:"你脸上的雀斑好俏皮、好可爱……"嫣惊呆了。向来被她引以为憾的雀斑,竟然会变成她的迷人之处,她认为那个男士是在拿她开玩笑。

后来,嫣终于相信,她脸上的雀斑的确使那个男士着迷,这时候,她才感到释然,也接受了男士爱的表白。

"我以前真是作茧自缚,那些苦恼、自卑简直都是自找的。"即将结婚的时候,她这么跟那个爱上她以及她脸上雀斑的男士说。

生活中有很多和嫣一样的女人，认为男人们都喜欢追求完美的女人，因此对自己的不完美耿耿于怀。其实，每一个女人都有独特的韵味与魅力，未必是指漂亮的外表。或许，你并没有察觉到自己的迷人之处，但男人可能留心已久，并深深地被之吸引……

当你在作茧自缚、顾影自怜时，很多机会倏然而逝，也可能因此与生命中的另一半擦身而过。生活中，这种例子不胜枚举，你认为的缺陷和不足，在别人眼中可能是优势和长处。因此，切勿庸人自扰，学会释怀最重要。

打破烦恼的习惯，做个快乐的人

很多人都遇到过烦恼，也许你时常与烦恼擦肩而过，也许你经常被烦恼所困扰。因为烦恼会带来各种负面情绪，所以，我们大多数人都很难接受烦恼的侵袭。烦恼的人没有快乐可言，若想时刻与欢笑为伍，就要懂得将烦恼抛在脑后，使自己拥有一个无忧无虑、自由快活的生活环境。

有一次，卡耐基协助洗盘子的妻子将盘子擦拭干净，那时，他得到一种启示："我太太连洗碗时都不停地哼着歌，我将这一切看在眼里，不由默默地告诉自己，'老兄！请看吧！她多么快乐。你们的婚姻已维持了18年之久，她也洗了18年的碗。如果在结婚时她就先想象此后必须洗18年碗盘，假如我们把那些带有油污的盘碗聚集起来连大仓库都无法容纳下，那么就一定会使所有的新娘都不敢踏入婚姻的殿堂'。"

因此，卡耐基告诉自己："妻子不讨厌洗碗的关键原因是她一次只洗一天的碗。"从而，他知道了烦恼出现的原因，即人们经常持着"今天的碗、昨天的碗以及没用过的碗，统统都要洗"的态度。

想到这些，他不再烦恼了。过了没多久，他的胃痛消失了，随之而去的还有他的失眠症状。

总结自己的成功经验，卡耐基说："我会把昨天的不安毫不犹豫地全部丢到垃圾桶里，同时，我也绝不再考虑今天洗明天的脏碗盘。烦恼是习惯的一种存在方式，而我，早已打破了这种习惯。"实际上，这是许多人的心声。

当然，做好以下几点最为关键：

1. 在任何情况下都不为任何事烦恼

约翰·D·洛克菲勒在33岁的时候赚到了他人生中的第一笔巨款——100万美元。43岁时，他建立了"标准石油公司"——世界上规模最大的垄断企业。但是53岁时，他却因为烦恼、恐惧和长期高度紧张的生活，身心健康遭到了非常严重的伤害。

那时的他，集多种不良症状于一身，出现失眠、消化不良、掉头发等症状，精神趋于崩溃，整个人"看起来像个木乃伊"。医生警告他，死亡和退休两者之间他只能择其一。于是，他选择了退休。因此，便有了他"死于"53岁，但一直活到98岁的传奇人生。

避免烦恼，不管在什么时候都不会被烦恼所摆布。洛克菲勒遵守了这项规则，保住了自己的性命。他选择了从事业上退休，开始学习高尔夫球、收拾花园，和朋友闲聊、打牌、唱歌。

同时，他也投身于做一些对社会有意义的事情。他考虑把数百万的金钱捐献出去，为那些需要得到帮助的人排忧解难。在获知密执安湖湖岸的一家学校因为抵押权而被迫关闭时,他立刻展开援助行动,慷慨解囊,毫不吝啬地拿出数百万美元进行援助,将它建成世界瞩目的芝加哥大学。

在生活中,我们不免会遇到很多让人不满的事情,只有不为此烦恼的人,才能保持理性的头脑,拥有没有烦忧的时光。这就需要我们看淡一切,不为任何人和事烦忧。

2. 把工作和生活区分开来

截然地分开生活和工作是如今许多成功人士普遍养成的一种习惯。当从工作转移到生活中的时候,他们能够抛开之前所有的想法。每天工作结束时,立刻将所有工作上的问题从心里悉数扫光。谁拥有了这项本事,谁就可以避免被烦扰无休止地打扰。

工作和生活要有明显的分界点,工作就是工作,生活就是生活,只有把二者分开才能拥有幸福的人生。工作狂的精神毫无疑问是成功所必备的特质之一,但是每种工作都会留下未解决的问题,假使我们每晚都将那些困扰带回家伤脑筋,必将影响我们的健康,从而失去处理它们的能力。人生在世,每个人的前进道路都是满布荆棘的,每个人的生活都不可能尽如人意。如果我们主观上不能阻止那些令人不快的事情发生,那么就主动地将它们遗忘,尽量避免与生活中的那些烦恼起正面冲突。这是保持愉快的心情、调整心态、笑对人生的一个重要的做法。

坦然面对无法改变的不幸

人的一生，总会有沉有浮，既不会永远如同旭日东升，也不会永远痛苦潦倒。反复地一浮一沉，对于一个人来说，正是一种磨炼。因此，要时刻持有一颗积极向上的心，即使我们所处的环境不乐观，也要相信一定有"柳暗花明又一村"的那一天。

22岁的麦吉刚从耶鲁大学毕业，他英俊洒脱，十分聪明，踢足球及演戏剧都表现突出，如今的他正处于意气风发的好时光。

一个平凡的晚上，一辆大卡车从第五大道驶来……麦吉像往常一样一觉醒来，但却发现自己身在加护病房，并且左小腿已经被切除！他问自己：难道我的一生就要在这张床上度过了吗？甘心吗？他不停地对自己说"不"，坚决不能这样活着。其后八年，麦吉全力以赴，想把自己锻炼成全世界最优秀的独腿人。虽然他的康复过程十分痛苦，备受折磨，但他从不抱怨，终于走到了成功的彼岸。

失去左腿后不到一年，他就开始跑步，并且参加了10公里长跑的比赛。随后，他又参加了纽约马拉松赛，并顺利打破了伤残人士组纪录，成为全世界速度最快的独腿长跑运动员。

1993年，麦吉在南加州的三项全能比赛中飞快地骑着脚踏车，群众夹道欢呼。突然间，麦吉听到了一阵尖叫声从群众中发出来，他扭过头，只见一辆小货车朝他直冲过来。

这次撞击事件麦吉记忆深刻。他记得群众的尖叫，记得自己的身体飞越马路，一头撞在电灯柱上，他还记得自己在被大家抬上救护车之后才失去意识。麦吉四肢瘫痪了，那时他才30岁。麦吉的四肢都失去了正常活动的功能，仅仅保存了少许的活动神经可以支持他轻微地活动手臂。当麦吉知道四肢尚有感觉时，他有点激动，因为这代表着他还可以努力做到独立生活。经过艰苦锻炼，自认为"很幸运"的麦吉进步到能自己料理日常事务了，对于这一现象，连医生们都表示十分惊讶。

接着，麦吉开始了一场残酷的康复训练。他时刻告诫自己："你明白应该怎么做，你是过来人了。你不可以怕吃苦，也不可以放弃，要拼命坚持锻炼，一定要离开这个鬼地方。"

其后几个月，麦吉再度变得斗志昂扬，他恢复健康的速度惊人地快，出乎所有人的预料。脖子折断之后仅仅6个月，他就重新过上了独立的生活，大约又6个月之后，他在一次三项全能运动员大会上以《坚忍不拔和人类精神力量》为题，完成了一场使人振奋的演说。事后，他被观众们层层包围，大家都称赞他的坚韧："麦吉真行！"

"祸兮，福之所倚；福兮，祸之所伏。"在一个人的一生中，太多的福祸是难以预测的，人生中的恩怨、悲喜以及功名利禄，通常都是相互贯通的。不要为失去的难过，也不要为未知的焦虑，更没有必要为正在发生的糟糕事情耿耿于怀，而要顺其自然，因为生活没我们想的那么糟糕。其实，人这一生中经常会遇到使自己不开心的事情，也许我们无力改变这个事实，不过对待这些事物的态度却是我们可以选择的。

第一种态度就是积极客观地对待发生在我们身上的遗憾，要在最短的时间内接受这次灾难造成的遗憾，不要纠缠在里面，日复一日地抱怨上天对我们不公平，这样只会加重我们的苦痛。

第二种态度就是要尽自己最大的努力修补那些由于自己的失误所造成的一些遗憾。承认现实生活中的不足之处，并通过自己的力量弥补它们，这才是一种积极地对待生活缺憾的态度。

打开自闭的心灵，寻找快乐的天堂

在这个世界上，人们不可能独立地生存，可以说自从地球上有人类出现以来，人与人之间就存在着交往，因此，自我封闭对于人类来讲几乎是不可能的。尤其是现代社会，与世隔绝、不与他人交际这一做法是有悖于常理的。人是高级的感情动物，注定要在群体中生活，而组成群体的人又处在各个不同的阶层，各自都有自己的属性特点。适时恰当地进行感情投资，对于建立一个好的交际圈十分有效，只有人缘好，有一个好的形象，人际交往才能如鱼得水。通常，那些总是陷入进退两难境地的人都是一些人缘极差的人。

富翁让一位书生单独在一间小房子里读书，一日三餐都有人从外面送进来，假如书生能坚持10年，那么这位富翁将满足书生提出的一切要求。于是，这位书生开始了独自在狭小的空间里读书的生涯。他与世隔绝，每天只是在屋内踱步、伸伸懒腰，或者沉思默想一会儿。他听不到大自然的天籁之声，既见不到朋友，也没有敌人，一个人充当了自己的交际圈中所有人的身份。

没过多久，这位书生就主动放弃了这次博弈。

书生在这样的苦难和静思的环境中终于大彻大悟：10年后，即便大富大贵又能怎样？只有在社会环境中，人们的实际价值才能得到认可。况且，人要想在社会中有所发展，就必须同他人搞好关系、寻求他人的帮助，而自闭的最终结果只会是一事无成。

李俊逸是一家知名公司的管理人员。一次，公司产品遭遇退货、赔款，当公司高层们急得团团转而又毫无头绪的时候，李俊逸站了出来，拿出一份调查报告，找出了问题的所在。此举不仅解决了公司的难题，还一下为公司盈利了几百万元。

由于出色的工作能力，李俊逸深受老总的喜爱，不久就成为全公司的一颗星。凭着自己的智慧和胆略，他又为公司打开国内市场做出了重大的贡献，两年时间内为公司赚回了几千万元的利润。从此，他在公司里有了举足轻重的地位。

李俊逸踌躇满志，觉得销售部经理这个位置一定是他的了。然而，他没有得到提升。本来，公司董事会的确计划升迁他为公司主管销售的副总经理，但是因为在提名时遭到了人事部门的强烈反对，于是只好作罢。原来，各部门对他的负面反映太多，如在人情世故方面严重经验不足，不和同事交往，骄傲自大……让这样一个闭门自封的人进入公司的领导层很明显是不明智的。

销售部经理一职由别人担任了，李俊逸只得让出自己辛苦创建、已被培养成熟的国内市场。这就如同自己亲手种下了果树，但是所结的果子却被别人摘走一样，他的内心十分痛苦。

李俊逸不明白，公司怎么能这样对待自己呢？难道自己做错了什么吗？后来，一个对他有着同情之心的同事将他的不足之处为他一一点明，破解了他的迷惑。

　　有一次，李俊逸出去为公司办理业务，需要一笔汇款，眼看到了紧要关头，而公司的汇票却迟迟不现身，最终业务活动"泡汤"，令他很难堪。这件事实际上是一个出纳员给他穿了一次小鞋，因为他平时对这个出纳不理不睬、不巴结、不献媚、不送小礼品，也就是说根本没把她当回事。

　　还有一次，李俊逸在外办事，需要公司派人来协助，但没想到协助的人还没有到场，就被撤回去了。原来，一些资格较老的人认为李俊逸十分"狂傲""目中无人"，从来不和他们探讨工作上的事情……所以，他们想尽办法拖他的后腿，让他无法顺利开展工作。

　　虽然李俊逸有着十分辉煌的工作业绩，但却忽视了人际关系的重要性。那些他不熟悉的、不放在眼里的小人物，在重要的时刻一样会成为他的绊脚石，阻碍他在公司的发展和成功。他对自己的处境深感无奈，最终不得不伤心地离开了公司。

许多杰出的人士，往往被那些与能力无关的因素所击垮，就是因为他们在中国这样一个重人情的环境中无法融入人群，这无异于自毁前程，将自己的后路堵死。尽管有些人在事业起步时一贫如洗，但只要他有长远眼光，搞好人际关系，进行长远的感情投资，就一定会有一飞冲天、一鸣惊人的时候。聪明人懂得积攒人情，他们平时就很讲究感情投资、讲究人缘，这些人有着常人无法与之相比较的社会形象，遇到困难时，会有很多人伸手相助。所以，这样的聪明者的交友能力较一般人而言占有明显的优势。

　　人要想成功就必须有长远眼光，远离自闭的阴影，扩大并巩固自己的社交圈，在别人遇到困难时主动帮助，不计较自己对别人的付出及别人对自己的亏欠，"该出手时就出手"。日积月累，自然而然，他们身边的朋友会越来越多。现代人的生活忙忙碌碌，身边的应酬也相对减少了许多，日子一长，许多原来牢靠的关系就会变得松懈，昔日的挚友也都渐渐疏远了，这是非常可惜的。

　　一个被人群所孤立的人，他的人生注定是不幸的。一个人如果孤立无援，那他一生就很难幸福；若一个人无法处理好人际关系，就仿佛行走于雷池之中，举步维艰。"条条大路通罗马"，广交朋友的人能够随意通行于条条大路。就像西德尼·史密斯所说："无数的友谊是生命的根本支柱，最大的幸福往往存在于爱与被爱之间。"

最快乐的事情便是付出与分享

有句名言说："人活着应该让别人因为你而得到快乐。"其实，能给别人带来快乐才是自己真正的快乐。

罗曼·罗兰曾经感慨地说过："快乐和幸福的获得，仅仅靠外界的物质和表面的浮华是不行的，而要靠内心的高贵和正直。"的确，在生活中，超越狭隘、帮助他人，用善意的目光看待一切事物，快乐、幸福和丰收就会时时与我们相伴。幸福就好比一束鲜花，在你送给别人时，自己已经早早地被花的香气包围了。

自私只能让人活在孤独与悲痛之中，但爱与分享带来的却是温暖与幸福。有这样一个感人的故事：

在一个圣诞节前夕，史蒂芬的哥哥给他送来了一份相当贵重的礼物，是一辆新车。平安夜那天，史蒂芬从他的办公室出来，见到一个十来岁的小男孩在他闪亮的新车旁走来走去，并不时地触摸它，脸上满是羡慕，眼神里充满了向往。

史蒂芬饶有兴趣地看着这个小男孩。从他的衣着来看，他的家境一定远远不如自己的家境。就在这时，小男孩抬起头，问道："先生，这是你的车吗？"

史蒂芬说："是啊，我哥哥把它作为圣诞礼物送给我了。"

小男孩睁大眼睛:"你是说,这是你哥哥给你的,而不是你自己花钱买的吗?"

史蒂芬点点头。

小男孩说:"哇!我希望……"

史蒂芬想当然地认为小男孩想要一个这样的哥哥,但小男孩说出的却是:"我希望有一天我也能成为这样的一个好哥哥。"

史蒂芬深受感动地看着这个男孩,然后问他:"你愿意我带着你去兜风吗?"

小男孩惊喜万分地答应了。

车行驶了一会儿之后,小男孩转身对史蒂芬说:"先生,我能否请你在我家门前停一下呢?"

史蒂芬微微一笑,他认为自己猜到了小男孩在打什么主意:坐一辆大而漂亮的车子回家,在小朋友的面前是一件很神气的事。然而,事实又与他所想的相违了。

"麻烦你停在两个台阶那里等我一下,好吗?"

小男孩跳下车,飞快地跑进屋里。不一会儿,他出来了,并带着一个显然是他弟弟的小孩。这个小孩的一只脚瘸着,应该是生病造成的。他把弟弟安置在下边的台阶上,两人紧靠着坐下,然后指着史蒂芬的车子说:"看见了吗?正如我刚才跟你说的那样,很漂亮,对不对?他有个好哥哥把这辆车作为圣诞礼物送给他,而他不用花一角钱!将来有一天,我也要送你一辆和这一样的车子,这样我们就可以一起去看橱窗里的漂亮的圣诞礼物了。"

史蒂芬的眼睛湿润了，他走下车子，将小弟弟抱到车子的前排座位上。他看到那个小男孩的眼睛里充满了惊喜。于是，三个人开始了一个令人难忘的夜晚。

在这个圣诞节，史蒂芬明白了一个道理：给予所带来的快乐更多。

有位名人说：人存在的意义是因为给别人带来了益处。的确，学会给予和付出，你会感受到舍己为人、不求任何回报的、不同于平常的快乐和满足。一位儿童教育家说："只知索取、不知付出，只知爱己、不知爱人，一看就知道是典型的独生子女。"付出是人类心灵中最美的一面的体现，同时也是一种值得传承的美德。

海伦·凯勒曾说："一个人只要拥有一颗善良的心，说一句有益的话，发出一次愉快的笑，或者为别人铲平粗糙不平的路，这种行为带来的欢愉会与其自身融为一体，使他终生追求这种欢欣。"是的，在这个人世间，只要我们每个人都付出一点点，即使是做一件不值一提的小事，也会使世界充满温暖，使生活充满幸福与快乐。因此，只要我们简单，快乐就很简单。

比上不足是挑战，比下有余是开悟

我们常说"比上不足，比下有余"，很多人都处在这个位置上，不同的只是人们的心情。有的人怡然自得，有的人却愁容满面。前者懂得如何知足，可是后者却被欲望掌控了。

杨帅说，他的老板比他还小一岁，却事业有成、家财万贯，与老板比起来，自己简直像个讨饭的。有一段时间，杨帅为此非常苦恼，同样都是人，为何差距如此之大？他甚至觉得自己是无能的。

直到有一天，他参加大学同学聚会，在昔日同学们的眼中，他竟然也是事业有成、令人羡慕的人。不到30岁，房子有了，车子有了，同他比起来，别人的生活质量明显低了一个层次。杨帅重新找回了自信，这样做肯定不是把自己的快乐建立在打击别人的快感上，而是他意识到了什么样的心态才是正确的。从那以后，他工作更加卖力了，对于比他强的老板，他也能摆正心态对待了。他意识到人与人不需要攀比，也不具有可比性，向强者学习，在强者面前保持一颗平常心，才是最关键的。

你的工资不够买名牌，非名牌的东西也可以用得很有品位；若你没有钱买高档小车，就不要欠债贷款装潇洒，便宜实用的车子一样可以发挥它的价值。打肿脸充胖子，风光是风光了，可是最终还是自己承担这个苦果。

欲壑深不见底，贪婪的人一心想填满它。越是填不满，越是想填，最后导致自己心态失衡，生活失去平和，整个人生长河就像老式座钟上的钟摆，不停地摇摆，不能停歇。你会跌入绵绵无尽的焦虑与惶恐、无奈与苦涩、疲惫与怨怒、失落与惆怅的情境中，这个苦果会反复循环着。

很多时候，欲望是无止境的。举个最简单的例子，在自助餐厅里，有多少人不管自己的胃口有多大，使劲往盘子里放各种食物，完全是肚饱眼不饱，最后不得不打着饱嗝把剩下的倒掉。有的人甚至相互攀比谁吃得多，最终只能自食其果。

老子说："祸莫大于不知足，咎莫大于欲得。"不知足是最大的祸患，贪得无厌是最大的罪过。把钱财、家世、容貌视为荣辱标准的人，皆是不懂得知足的人，本已经很富有却还贪婪。欲望过盛，就会生出邪念，也会使用卑鄙的手段获得更多的钱财。由敬财、爱财而贪财、敛财，认为钱是最好的，不惜一切获得、唯利是图、谋财害命，其结果必是既"辱"且"殆"。

第三章
心灵越狱：你不恨这个世界，这个世界就不会恨你

愤怒是心理病毒

我们应该尽量避免愤怒的产生，尤其是由于敌对情绪引起的怒火，并养成一种先表示同意然后再想法扭转形势的习惯。你的愤怒会激起他人的恼怒，这是自觉的反应，愤怒是你以自己所不欣赏的方式消极地对待与你的愿望不相一致的现实，抑或是事情并没有预料的那么好的时候产生的恶性循环。其实，我们应该明白，别人永远都是你的镜子，如果你对别人微笑，别人也会对你报以笑脸，同样，你的怒火也会招来别人的不满。

大怒、敌意、沉默、生气都是愤怒的表现形式，在心理领域，愤怒会导致高度紧张、心跳加速、失眠、疲劳，甚至心脏病的发生。从心理学角度讲，愤怒所导致的隔阂是对自己的不信任。虽然表达愤怒比把它压抑在心中更为有益，但除此之外，还需要有的态度便是和自己的内心讲和：不要发怒。

愤怒情绪是人生的一大误区、一种病症，只要缠上你，便挥之不去，让人一蹶不振。

身边的很多人都在随时喷发着怒火。出租车上，司机也许正因交通堵塞而满脸怒色；商店里的顾客可能正在因为商品的好坏和售货员喋喋不休地争吵；公共汽车上，也许有两人正在为抢占座位而大打出手……

一位年轻的妈妈，在对待孩子的行为上，没有能力调节自己的喜怒哀乐。每当孩子淘气时，她总是大发脾气。但是，她慢慢发现自己的愤怒会让孩子更加难以管教。她惩罚孩子，把他关在屋里，大声训斥、愤怒不已。孩子虽然对自己的行为心知肚明，但却难以驯服。许多时候，愤怒就是这样捉弄人：你的气愤只会引来他人对你的控制欲望。

在生活中，你的怒气只会让他人变本加厉地我行我素。尽管惹人生气的人有时会害怕遭受惩罚，但正是因为掌控了对方愤怒的根源，才可以轻易地控制他人。与此同时，发怒的人也往往认为可以通过愤怒控制对方。其实，这个时候的我们都走进了一个误区。为了消除这一误区，在一开始便要改变思想，由内而外地改变自己，从而获得愉悦的身心，将外在控制转为内在控制；其次，自己的悲伤快乐不要被别人打乱。总之，你只要自尊、自重，拒绝接受别人的控制，就可以得到快乐而不再痛苦。

身边的敌意需留意，憎恨的火焰要熄灭

人活在世上，生活中的各种摩擦碰撞总少不了，憎恨情绪就是其中之一。有些时候，我们因为莫名地看不惯一个人，就把原因归结为天生不合、本能反应，但真的是因为眼缘不合吗？应该说，在人类的进化过程中，憎恨往往以保护自我的姿态出现。不论面对的是伟人还是歹人、圣人还是罪犯、美女还是丑八怪、小人还是君子、智者还是愚人，每个人都会多多少少地产生憎恨心态。憎恨本身和发抖之类的生理反应一样正常。人类的憎意，除了自然生理原因以外，更多的是来自于外界的刺激。事实上，名誉、地位、高薪、豪宅、娇妻等都是人类所追求的。我们都不希望自己比不上别人，而当我们不如别人时，就会激发我们内心的憎恨。当有人要夺走我们的食物或钱财时，我们会产生憎意；当有人贬低诽谤我们时，我们也会产生憎意……人们的第一反应是同情弱者，而对那些平步青云的人，内心则会由不平衡引发出憎恨来。

有人的地方就有矛盾，而有矛盾的地方就有憎恨。

世界上，爱可以没道理地产生，却没有无缘无故的恨。电视剧《我爱我家》里有这么一集：

老傅同志的儿子想搬出去住，老傅当然不愿意了，大清早的就开始抒情："你小时候啊，特别不老实，气得我那时恨不得把你踩死、把你掐死、把你踹到井里淹

死、把你从房子顶上扔下去摔死!"老傅说得咬牙切齿,满是岁月痕迹的老脸上充满恨意。后来,小傅叛逃未遂,老傅就释然了,每天美得跟吃了蜜一样开心。

道理很简单,一开始,儿子侵犯了父亲的亲情权,所以他往死里恨儿子;后来,在他的潜意识里没有了这种情景,于是儿子还是儿子,父亲还是父亲。

在长大的过程中,每个人都会经历这么一段短暂的憎恨,只不过所憎恨的并不是某一个对象,而是辐射型的。比如,多喝了一些啤酒,回家时刚坐上出租车,就突然很想去洗手间。然而事儿就怪在你自我感觉太过良好,同时对这个城市的交通状况了解不够,大概在半路,你就感觉自己快要爆炸了,而回家的道路又被密密麻麻的汽车所阻挡。这时候,你可能会气急败坏了,恨意随着酒劲上蹿:能有什么事儿,都不老老实实地在家待着,坐着破车出来乱闯什么? 这时候,你恨不得变成孙悟空,一口气把路上的车全吹到两旁,这样一来,你的内急问题就能解决了。当然,你不是孙悟空,所以你不得不悄声问司机,请他给你寻一处洗手间。问题很快解决了,当你再回到车上时,感到心旷神怡,呵呵,这夜色还是很美丽的嘛。这就是典型的由负面情绪产生的憎恨。

老朱最近在单位总是不得人缘,自己好像被大家孤立了,单位所有的同事都在跟他作对,都在有意和他过不去,看他的眼神就像看敌人一样。一天,老朱来到单位的时候时间尚早，领导见他来得很早就让他去上级单位送一份文件。他口头上答应得很爽快，但心里却十分不是滋味儿，他觉得领导让他干分外的事是有意欺负他，利用职权驱使自己干这干那的。

后来，因为没有及时调整自己的心态，老朱的这种敌对心理越演越烈。有一次，他看到一位同事坐在自己的办公桌角上和另外一位同事聊天，无缘无故地，老朱就不给别人好脸色看，在他看来，同事的这种行为是看不起他。老朱不仅在单位里对同事有这种敌对心理，在外边也经常和不认识的人产生矛盾。一次，他和家人去饭店吃饭，服务员将他点的菜弄错了，他气不打一处来，把人家骂得狗血喷头。后来，老朱的这种性格被更多的人知道了，大家都不愿意和他来往。这反而加剧了他对别人的怀疑，于是他陷入了越来越没有朋友的恶性循环。

憎恨情绪产生的境况分为"主观"和"客观"两种。在主观情况下，我们面对不喜欢的人会表现出厌烦的姿态，而并不在乎对方是否真的有触犯自己的行为发生；在客观情况下，当受到别人的批判和怀疑时，我们会对"伤害"我们的人怒目相对、冷漠仇视，却不分辨那些言语行为是出于善意还是恶意，到底是不是我们自己身上的问题。

交流本就不是易事，对别人怀有憎意实际上是给自己的身心施加更多的压力，这种损人不利己的情绪所造成的伤害远远超乎我们的想象。

不过，憎恨也有着它特定的存在意义。在这个世界上，憎恨的态度比麻木更有意义，假如没有了憎恨，也就没有了宽容。如此想来，只有拥有憎恨，我们才是一个完整的人，才会有我们宽容大度的一面，正如没有了欲望也就没有了幸福感一样。憎恨是一种情绪，而宽容则是一种态度。

憎恨会让你四面受敌

如果说愤怒是敌对情绪的至亲，那么憎恨就是敌对情绪的孪生兄弟。人的憎恨情绪就如同我们生病时危害血液、细胞的毒素一样，如果不加以控制，我们的生命就会被它侵蚀殆尽。

伴随憎恨产生的危害的力量是强大的，而且是明显易知的。举例来说，当你的心中出现强烈的恨意时，你不但会被那种感觉征服，更重要的是不能克服心魔，原本宁静安详的心情也会消失不见。生气与憎恨的情绪会蒙蔽我们的双眼，使我们无法看清对错，无法分辨我们的行为会带来什么样的后果。憎恨时，我们的判断力将完全失灵，全身紧绷，被压力和紧张束缚得不能动弹。你将变得不可理喻，不能明辨事理。所以，生气与憎恨的情绪会混淆你的心智，让你看不清前行的路。

换个角度来说，恨意也会让你的外形变得非常丑陋，不讨人喜欢。当恨意或怒气出现时，即使此人强力压制自己内心的愤怒，你也会在他的脸上看到扭曲而丑陋的线条。他很不愉快，身体会不自觉地给人一种紧张焦虑的感觉，就像是那个人身上散发出的某种蒸汽一样。其实不只人们有感觉，动物也能感受到主人的怒气而想办法避开主人。如果一个人企图隐藏恨意，恨意就会匿藏在最深处。

因为这些因素，恨意是我们最大的敌人，不但是外在的敌人，也是内在的敌人，它会悄无声息地侵蚀我们的心灵。憎恨是我们真正的、永远的敌人，不管从任何角度来想，它的最终目标都是摧毁我们。

憎恨和一般的敌人不同。如果我们拥有某个现实中的敌人，他的行为可能会伤害我们，但是他的存在并不完全是为了摧毁我们，这个敌人还有其他功能。因为伤害我们不是他存在的唯一目的，所以他并不能24小时想着如何与我们为敌。而憎恨是因我们而存在的，摧毁我们是它唯一的任务。一旦了解到这一点，我们就要学会在憎恨刚出现的时候把它扼杀在摇篮里。

一个真正强大的人，是能掌控自己的情绪、统治自己的心灵的。富有灵性的人——也就是善于管理自己情绪的人，能在憎恨出现的时候及时扼杀它们。因此，一个具有灵性的人，知道用欢乐和幸福铲除憎恨的根芽，知道用乐观的思想替代悲观的思想，用和谐的思想解除偏激的思想，用身兼大爱的思想摒除憎恨的思想。由于他懂得种种管理自己情绪的方法，因此，他从不受困于内心的煎熬。

生活中的大多数人只能任由憎恨思想肆意妄为地伤害他们的身心，因为他们不知道心灵上的化学原理。任何人都会面临心灵上的苦闷，而这时人就应该以理性的情绪指导自己，用我们自己的内心调制出的解药来拯救我们自己。

我们应该像调节水温一样调整自己的思想，如果水太热我们就要停止加柴、停止加热。在将要产生憎恨思想的时候，调整自己，使这种思想转为友爱和平的思想，这样憎恨自然就会消除了。只要有了友爱的思想，憎恨就无藏身之地。有了爱人如己的思想，嫉妒和邪念便无处躲藏。所以，别再让憎恨耗损你的精力了，只有摆脱它，你才能向自己的目标迈进，才能更接近自己的理想，人生才能充满欢乐光明。

对他人的不完美要给予理解

世界上本就不存在十全十美的人。人的一生中，总会有一些偏差的行为，总会在有意无意中伤害到他人，只是人们犯错的多少不同、轻重不同。当别人伤害到我们的时候，不要忙着还击，而应仔细想想，在自己的身上是否也存在这样的问题呢？

1. 得理也要饶人

得理不饶人不仅不会给你的人际交往带来益处，反而会让人觉得你小肚鸡肠。即使你是受害者，也不要揪住对方的"小辫子"不放。适时地给对方一个台阶下，不但不会显得你软弱，反而会给别人留下你心胸开阔的感觉。"得饶人处且饶人"，这样不仅能让你在道理上战胜别人，更能使你在赢得信任和尊重上胜对手一筹。

2. 感谢伤害你的人

也许，别人的确是忘恩负义的人，要想当作什么事儿都没发生过真的很难，但你可以慢慢地想想他以往对你好的一些事情，这至少可以稍稍缓和内心的不满情绪。也许你们曾经是好朋友，在一些事里他肯定帮助过你。即使在你的思绪里找不到他的任何好处，至少他的行为让你更清楚地认识了一个人；即使他让你心神俱伤、精疲力竭，但他却给了你最宝贵的经验。所以，从这一点上来说，我们应该感谢那些给我们带来伤痛的人。

在剑拔弩张的时刻，退一步海阔天空。让我们远离痛苦、绝望、愤怒的桥，在桥的另一端，平静、祥和、幸福就在我们伸手可触的地方。不要背负着所犯错误的重担，或是被怨恨及消极思想所累，只有放下所有的重量，才能快乐地生活。

为对手喝彩

如果对手成功了该怎么办？是真诚地为对手喝彩，还是抱怨对手抢了自己的风头？多数人会选择后者，因为在这些人的心目中，失败是难以接受的，向对手表示祝贺就意味着"臣服"于自己的对手。而只有不断地"抱怨"对手，才能表现自己的强大，表明自己依然具备竞争力。

这虽然是一种偏见，但却是很常见的。也正因如此，很多人都不能正确地面对竞争对手的成功，还要去诋毁别人，最终不仅没有提高自己，还落得一个更加不好的下场。相反，假如你放低姿态，不仅能让对手臣服于你，还能学习到新的知识，提高自己。

夏鸥在一家机床厂上班。工厂里有个叫晓军的年轻人，大学毕业不久，虽然脑子里有很多的理论知识，但从未实际操作过。夏鸥则正好相反，没有上过大学，没有多少理论知识，但他入行十几年，实际操作的经验非常丰富。于是，企业领导将他们分配到了一起，旨在让他们相互合作、共同提高。

在刚开始的两年时间里，两人配合很好，夏鸥教给晓军基本的实际操作技巧，而晓军则教给夏鸥一些理论知识。短短的两年时间里，二人成长很快，都能够独当一面了。

到了第三年，车间主任退休，厂部决定在普通员工当中挑选继任者。根据最近的表现，夏鸥和晓军是很好的人选。实际上，厂部领导也在考察这两个人。搭档成了对手，面对身份的变化，夏鸥和晓军之间的关系也悄悄有了变化，但是谁都没有说出来，日子还是在平静地过着。

最终，经过一番调查分析，厂部从年龄考虑，选择了晓军，放弃了夏鸥。夏鸥很不适应，年轻人超过老员工，当了自己的领导，他想不明白。但是这已是事实，无法改变了。夏鸥带着强烈的不满情绪重新开始了工作，不过，他变得懒惰了，也变得爱抱怨了，不仅抱怨自己无能，也抱怨晓军的忘恩负义，说他是白眼狼……

领导知道后，在一次面谈的时候，狠狠地批评了夏鸥，并且告诉他，决定是有原因的，并不是看不起夏鸥，也不是晓军在背后捣鬼。作为一个老员工，年轻人得到重用，应该高兴才对，要有风度，为对方喝彩。

后来，夏鸥大大方方地向晓军表示真心的祝贺。一年之后，他也成功地升了职，和晓军平起平坐。

夏鸥回顾以前说："只有敢于、勇于向对手喝彩，你才会拼着命去改变这个事实，逼迫自己进步。我的成功，从某种意义上来说，是晓军给予我的。"

竞争对手胜利就意味着自己失败，这本身就是一个打击了，还要为对方喝彩，这不就更难堪了吗？其实不然，要知道，既然有竞争，就会有成败，总要有人失败。真正的竞争，过程比结果更重要。在这个过程中你的优势体现出来了,即便结果失败,你仍然能得到对手的尊重。

那么,在遇到这种情况的时候,该如何做才能真心地为对手喝彩呢?

1. 为对手喝彩不会降低自己的身份

赞美他人并不难,而为对手喝彩,似乎不容易做到,因为在很多人的心目中,为竞争对手喝彩就等于承认自己的失败,有失身份。很显然,这种想法是错误的。为对手喝彩既不会降低自己的地位,相反,会让别人更加看重自己,更加信任自己。每个人都想得到肯定,表扬与鼓励能给人以生活与工作的强大动力。他们成功后,你为其喝彩,就是给予对方的最大善意,当你需要肯定时,对方也会毫不犹豫地给予你。

2. 明确说出对手比自己强的地方

经过较量,你肯定知道对方强在什么地方,优势在什么地方。那么,在祝贺对方的时候,不妨将这些明确地说出来,然后承认自己的不足,以后还要向他多多学习。这样一句简单的话语,既缓解气氛,又能使你和对方成为好朋友。

3. 善于向对手请教

对手之所以打败你,肯定有理由。或许这是他能力的反映,或许是他的实力……无论如何,他成功了,那么不妨就这些优势方面向对方请教。虽然你没有明确地向对方表示祝贺,但效果很好。要知道,你向对方请教,就等于你肯定了对方,这种肯定是人们都需要的。也就是说,你的做法满足了对方的虚荣心。

4. 在公开场合为对方喝彩

这样做可以满足他的虚荣心。毕竟每个成功的人都希望越多的人知道自己成功的消息，公开喝彩，无异于给了对方这样一个证明自己的机会。

总之，在职场之上，即便你败得一塌糊涂，也一定要记得为对手喝彩，毕竟你因为有了竞争对手，才会有这个机会明白自己欠缺在什么地方。

我们和对手之间的关系很微妙，是相互依存的关系。在关键时刻，我们不仅要依赖于对手，也要为他喝彩，这样我们才能真正地进步、提高。

乐于向对手学习

很多人经常抱怨对手抢走了自己的成功机遇，但竞争对手的存在对我们来说是非常有好处的。好处有两个：第一，能让我们主动自发地去提高自己，以求超越对手；第二，向对手学习，让对手充当我们的另类老师。特别是第二个好处，短时间可取得进步。不过有一个前提：你必须放低自己的姿态，善于向对手学习。

对手为何成功，你为什么会落后于对手？对手有什么地方是比我们厉害的？这些问题的答案就是我们要学习的内容。

晨凯最近很郁闷，因为他又失业了。在这半年时间里，他失业了三次。按理说，大学本科毕业、有着三年工作经验的晨凯不会如此惨，为什么他会频频失业呢？事情还得从晨凯自身说起。

晨凯之前供职于一家公司，专门在公司下属的店铺推销数码产品。对于学电子出身的晨凯来说，这本不是难事，但事情超出他的想象，因为在这个店铺周围，诸如此类的店铺非常多，竞争非常激烈。虽说晨凯推销的是名牌产品，可是他的竞争对手也是推销名牌，更重要的一点是，他的竞争对手推销手段极其了得，三言两语就能让顾客乖乖地掏钱。

多次较量中，晨凯都败下阵来，情绪开始变得有些低迷，抱怨也越来越多。老板在总结大会上安慰晨凯："失败不要紧，但要找到失败的原因，对手有什么优势，努力去学习，否则就永远处于失败的地位。"

可是晨凯不但不听老板的话，还推卸责任地对老板说："我觉得不是技术的问题，而是产品知名度不高。再说，对手身上有什么优势我们根本没有必要学习，我们应该有自己的风格。"

听了晨凯的话，老板很失望，然后辞退了他，理由是：不善于向对手学习，如果让这样的人继续做下去，一定会继续失败。

果然不出老板所料，换了一个推销员之后，公司销售业绩突飞猛进，而这个推销员最大的特点就是善于向对手学习，不像晨凯，只知道抱怨，不懂得学习。

和对手竞争的过程也是相互学习的过程，我们身上有什么优势，对手肯定会过来学习，而他身上的长处，我们也应该去学习。只有这样，我们才能得到提高，不至于被对手拉开太大的距离。

那么，在日常工作中，该如何向对手学习呢？

1. 正确认识对手

在工作中，每个人都有竞争对手，并且不是固定的，而许多人都想打倒对手。其实，竞争是一个相互提高、进步的过程，竞争对手能激励你。从这个层面上来说，对手是自己应该感谢的人。要尊敬对手，即使失败了，同样没有遗憾。

2. 看到自己的劣势和对手的优势

只有在看到对手的优势和自己不足之处时,我们才能向对手学习,才会有学习的方向。可是应该如何操作呢?很简单:剖析。你可以将对手的优点列在一张纸上,然后将自己的缺点列在旁边,形成鲜明的对比,然后就明了了。

3. 学会在欣赏对手的同时向对手学习

如果在与对手竞争时,能抱着欣赏对手、向对手学习的心态,学习对手的长处,那么就可以提高自己,最后战胜你的竞争对手,走上成功之路。

4. 善于向对手挑战

有人以向对手挑战为耻,说这不是一种学习行为。其实不然,我们在这个过程中,才能真正了解对手,才能从对手那里学习到自己所需要的东西,这同样是一种学习行为。

要想获得成功,不仅要努力,还要有一个好的竞争对手。一旦你有了几个好的竞争对手,相当于有了督促,有了几个好老师。从他们的身上,我们得到了前进的动力,还能学习到很多知识、技能以及做事的方式、方法。所以,我们要正视我们的对手,善于向他们学习。

包容别人的缺点,放弃憎恨

世间本没有绝对错误和绝对正确。任何一个有缺点和错误的人,也会有他的可爱之处。

世界从来不存在绝对的公平,公平是相对的,是种理想。我们常常以自己的标准来判断是非,殊不知被局限住了视野,也犯下过很多错误。

被伤害时,你必须有所回应,但不必去憎恨,凡事都有因果,与其把愤怒的心演变成憎恨,不如自省,把愤怒之心转化为前进的动力。在追求梦想的路上,如果没有挫折和痛苦,没有痛彻心扉和摧肝折胆的悲痛,就不会坚强。不能轻易憎恨伤害你的人,因为正是他们,让你的人生五彩斑斓,让你离成功的殿堂越来越近。

面对生活中的风云变幻,面对他人的攻讦谩骂,不要憎恨,因为他们能教会你成长,能激励你成功,不会让你在荆棘前徘徊,在一条浅浅的小溪前停步。

张生这段时间非常痛苦,因为女友的背叛,他终日以泪洗面酗酒度日。就这样过了几天,他有了个念头,他要让背叛他的女友付出代价。为此,他故意找了许多借口,把女友约了出来。女友看到张生一片狼藉的家,也动了恻隐之心,在张生的再三劝说下,女友陪着张生一起喝酒。

女友很快醉倒了,这时张生把她绑了起来。

张生把女友塞到汽车的后备厢里,将车向郊外开去。天亮了,张生把车停在路边一边抽着烟,一边想着事情。这时,山上响起了钟声,在这个安静的山野,钟声显得非常清脆动人。张生有了忏悔之心,希望能得到佛祖的开释。

在三叩九拜之后,张生端详着这座寺庙,只有一个人在。他便去问正在扫地的师父:"这里只有你一个人吗?"

师父停下扫帚,笑着说:"本来只有一个人,但你一来,这里便来了很多人!"

张生左右环顾,不解地问师父:"这里只有你和我,哪里有很多人?"

师父说:"刚开始,你看到了我,却忘记了你自己;现在,你看到了你自己,却没看到别人!"张生似乎被师父说中了心事,在师父的诱导下,除了绑架女友外,他把很多事都说了。本想得到师父的安慰,谁知师父却说:"年轻人,你很幸运!"

张生依旧不解,师父又接着说:"你要去感谢他们在你这么年轻的时候给予你挫折和磨难,如果你承受住了这些挫折,以后还怕什么?"

张生顿悟了。下山之后,他当即放了女友,并承诺承担一切后果。他的女友原谅了他,并支持他创业。事后,张生努力地试着不去憎恨任何一个伤害过他的人,因为他明白了,憎恨他人只会伤害自己。

如果当时张生真的杀害了女友，那么，他再也不会有几年后的辉煌。在面对他人的伤害时，我们可能会因一时冲动而做出一些不理智的行为，然后咽下自己种下的苦果。在面对他人的伤害时，我们要冷静，并且告诉自己，原谅他的一时兴起吧！你不仅是在为自己的明天铺平道路，更是在收获一份感动。

小柔从小就是一个沉默寡言的孩子。三岁的时候，父亲出车祸去世了，同行的母亲却毫发无伤，年幼的小柔相信肯定是母亲杀死父亲的。从那个时候起，她开始憎恨母亲，憎恨母亲抛弃了她和奶奶，让她从小就失去父爱。

躺在病床上，小柔得知自己患了尿毒症。当医生建议她做肾移植手术，并根据"亲属共肾"的原理建议她的父母或兄妹都来做化验时，小柔回到家里，看着空空的天花板，想起那离开了的亲人。她想起了母亲，为什么要给她生命把她带到人世又抛弃她，难道就是为了让她承受无限的悲伤和痛苦吗？

正当她等待死亡时，她的主治医生告诉她，肾源有了，医药费也有了。她几乎不敢相信自己的耳朵，她又开始眷恋生命，她冰冷的心也感到了温暖。不久，她就做了肾移植手术，并且很成功。

手术成功后的小柔，想知道恩人是谁，要当面感谢他。可是，她的主治医生一再拒绝。直到有一天，她无意间听到她的主治医生正在对一群年轻的实习医生讲肾移植，当讲到"亲属共肾"的时候，她听到了母亲的名字。

  小柔怔怔地呆立着，眼泪奔涌而出，恩人是母亲，那个抛弃她的女人。当她看到病房里那张陌生而熟悉的脸是那样的瘦削和苍白时，她哭了，她轻声地叫："妈妈。"

  眼前的这个女人，没给她做过饭，没为她缝过一件衣，当她哭着喊妈妈的时候，只有奶奶的怀抱，眼前的这个女人一直不尽职。可是，当她遭遇厄运的时候，这人女人又给了她第二次生命。

  直到此时此刻她才明白，母亲是爱她的，在心里深深地爱着她。只是自从母亲离开家的那一刻开始，小柔任由自己活在渴望母爱与憎恨母亲之中。

  谁都会犯错，在别人伤害你的时候请千万不要轻易地去憎恨。 以一颗包容的心去接受他人的过失，你将收获一份美丽。

  没有人是没有缺点的，也没有人是只有缺点的，包容别人的缺点，放弃憎恨，其实是对自己最大的仁慈。

第四章
保持理性：从此不再焦虑和紧张

将焦虑情绪的限度降到最低

在撒哈拉大沙漠，有一种土灰色的沙鼠。每当干旱时节来临，它便拼命地储备所需的食品，以准备度过艰难的日子。因此，旱季来临的时候是沙鼠最最繁忙的日子。它们在自家的洞口进进出出，满嘴都是草根，有着令人难以置信的苦累。

但是，让人想不到的是：当沙地上的草根足以使它们度过旱季时，沙鼠仍然拼命地工作，必须将草根搬运到窝里才能安下心来，感到踏实，否则便会焦躁不安。而实际情况是，沙鼠的未雨绸缪完全是没有必要的。

经过研究证明，这种行为完全是沙鼠遗传下的病症，出于一种本能的担心。因此，沙鼠所干的事情虽然繁忙但却是无用的。

以沙鼠的行为反观人类，你看到两者之间的共性关系了吗？尤其当人们陷入焦虑的状态时，也是在重复地做着一些累赘的事情。

焦躁烦闷的不理性思维主要在于无缘无故地将一些事情看得很重。比如，孩子晚回家，妈妈焦急万分，坐卧难安。这是因为妈妈在孩子晚归时会在脑海中浮现出不好的结局，这让事情发生了严重的变化。虽然她知道孩子根本没有出事，但她总感觉孩子已经出事或者万一出事，虽然万一的事情还没发生，可是她仿佛已经经历过这样的事情，并且感知到了事情的严重后果。

轻度的焦虑是因为事件而焦虑，但是重度的焦虑却是由已经开始的焦虑所引起的，而不一定有焦虑的事件发生。在没有事情进入脑海的时候，思想也可能成为焦虑的源泉。

焦虑时，人们的目光不仅停留在那些勾起焦躁的事情上，而且会因为这种焦虑备受煎熬。虽然内心一直抵抗这种感觉，想让它们消散，但心理问题具有逆反性，越想消除，这种焦虑的感觉就越强烈，结果只能让自己陷得更深，难以自拔。就如失眠病人，越担心睡不着，越睡不着；越想掌控自己，思想越不受控制。

焦躁不安被人们归因于压力过大。无论事情落在谁身上，都不能无所谓。这是一种认识到的错，即"有所谓情结"。这就是说虽然怕着火，但是阻止不了大火的趋势。因此，要想针对焦虑产生的特点从最根本的途径消除所谓的焦躁，主要在于：培养与树立"无所谓"的心态。"无所谓"并不是充耳不闻、视而不见，而是从另一个角度看清事情的本质。

每当焦虑靠近时，先不要分析产生焦虑的成分来自外界还是自身，或者焦虑的身体化症状，而是要确定自己用一种旁观者的态度去面对。

让忙碌占据一切，让自己没有时间忧虑

"没有时间忧虑"，这是丘吉尔在战争热火朝天时经常对每天工作 18 个小时的自己说的话。当别人问他是不是为那么重的责任而忧虑时，他说："你没看到我的繁忙吗？哪有时间分给焦虑？"

为何"让自己忙着"这么简单的一件事情，就能把焦虑从你的身体甚至是从心理上彻底地驱逐出境呢？因为有这么一个定理，即：一个人再怎么聪明也不能在同一时刻将两件事情处理完美。这是心理学的基本定理之一。

纽约有一个名叫马利安的商人，他的做法和丘吉尔一样，也常常依靠繁忙赶走心中的忧虑。

5 年前，马利安是纽约市西百老汇大街皇冠水果制品公司的财务经理，他们总共投资了将近 50 万美元把摘来的草莓装进小瓶子中。20 年来，他们一直把这种 1 加仑的罐装草莓卖给制造冰激凌的厂商。但是不知从哪天开始，他们的销售量日益下降。因为那些大的冰激凌制造厂商，像国家奶品公司等，产量急剧增加，因此，为了减少不必要的开支，他们开始用 36 加仑的桶装草莓。这样一来，马利安的公司不仅卖不出去价值 50 万美元的草莓，而且根据之前其他的合同规定，在合同生效的一年时间里，按原定计划还要再购买 100 万美元的草莓作

为原料。而此时，他们已经向银行借了35万美元，手上没有钱财，又不能再去贷款。马利安赶到他们在加州的工厂，想让总经理相信情况有所改变，他们有能力改善这样一个糟糕的局面。但总经理不肯相信，而是把这些问题都归罪于纽约的公司以及那些可怜的业务员。马利安为此彻夜难眠，并患上了失眠的病症。

在多次劝说之下，他终于说动总经理同意了他的想法，即把新的包装投放到旧金山的新鲜草莓市场上卖。这样的方法暂时解决了很大一部分难题。此时，他原本应该不再忧虑了，可他还是有些担忧。

马利安回到纽约之后，脑海中充满了忧虑，神经像绷紧了的弦，他根本睡不着觉，精神几乎要崩溃了。

在濒临绝望时，他换了一种新的生活方式，不但工作变得轻松了，自己也不再像之前那样不知所措地忧虑了。他总是让自己忙碌着，忙得必须付出所有的精力和时间，使自己没有时间去忧虑。从前的工作时间只有7个小时，如今他自己控制到了15至16小时，他每天清晨8点钟就到办公室，一直工作到半夜。每每归家便鼾声大作，毫无力气思考与工作无关的事情。

这样过了差不多3个月，马利安抛弃了忧愁的禀性，工作时间也恢复到了每天7至8个小时的正常情形。从那时开始，他的生活中再也没有发生过睡不着的情况。

现代社会，平时的工作压得我们喘不过气。"沉浸在工作里"大概不会有什么问题，可是下班以后，心中总是嘀咕着什么,其实这是忧虑在作祟。 这时候我们常会不由自主地想:我们的生活里有什么样的成就? 我们一天的工作如何? 老板的每一句话都是什么意思?

　　人在无事可做时往往头脑麻木。 但自然界中并没有绝对的真空状态,因此当你的大脑空出来时,就会有东西补充进去,而这一部分便是你脑中一直想象的事情。 因为忧虑、恐惧、憎恨、嫉妒和羡慕等情绪都是在我们思维控制和影响之下产生的结果。 而这些情绪都非常猛烈,通常会赶走我们脑海中安逸的想法。 研究发现:在图书馆、实验室从事研究工作的人之所以很少因忧虑而精神崩溃,是因为忙碌的生活不给他们时间思考其余的东西。 如果你还在为某件事情担心忧虑,那么请你记住:工作不失为一种很好的处理方法。

别让"成功焦虑"搅乱自己

当代人都喜欢用成功的"硬件"证实自己的能力，以满足内心的需求。由于他们对成功抱有很高的期待，一旦不能如意，便会失落甚至一蹶不振，这就是所谓的"成功焦虑"，最严重的被称之为"成功焦虑症"。

从医学角度看，焦虑可以让人们未雨绸缪，不失为一件好事。它能使人警醒、催人奋进，具有进化的意义。但是过分的焦虑会伤害身心，使人充满过度的、长久的、模糊的忧愁和担心。焦虑都有其固定的原因，那就是欲望的驱使。"成功焦虑"和"成功焦虑症"的诱因，就是对于成功的错误认识。人们耳目所及，能挣钱、挣大钱、香车豪宅、出人头地、富贵还乡、赢者通吃、名利双收，这些被错误地认为是成功的象征。当代社会是一个崇尚奋斗、以成败论英雄的时代，现代人要成功、要出人头地、要出类拔萃的愿望十分强烈，很难做到保持一颗平常心。这样下去，会让人丧失生活的乐趣，使人们思维迟钝，精神萎靡，内心紧张不安，逐渐演变为焦虑的根本因素。

毫无疑问，"成功焦虑"非但无助于成功，反而会让成功变成遥不可及的梦想。那么，如何摆脱"成功焦虑"的陷阱呢？

为了避免"成功焦虑"对自己心灵的侵扰，一定要认清社会的现实，将那些所谓的崇拜和虚荣变成真真实实的利益关系。要培养自己实事求是的成功观念，做有远见、有耐心、从容大气的劳动者。成功最根本的原因在于当事人的内心想法，而不是取决于外来的感受。一个重新开始的评价事实必须很明确，这对我们都是有益的。 只要在自己的领域和地域里，在不同层次和程度上做出成绩，就应该享有自己的尊严和成就感。安稳地走好人生每一步，我们都是自己人生的成功者。

　　这个时代让人焦虑不安的原因很多，但是社会要求的并不是我们真的想做到的，我们不能保证每一次的工作都有利益的回报。 比如，干事业，要干得出人头地。 时代越来越要求人们不能失误，人不能总是活在失败的阴影中，这就要求我们尽量减少失误的次数。 不要一懊悔，就觉得自己错了。 只有在这样的生活节奏下，我们才会更好地调整心态去面对。

　　不管遇到什么情况，我们都要学会从纷乱中找到安静的场所休息。 追求事业成功无疑应该成为生活的重心之一，但是它们不能占据我们全部的生活。 在我们的时间安排表上，不该遗忘亲情、友情和爱情，也不能因此排斥一切正常的对身体有益的活动。 事实证明，健康的娱乐、适度的体育锻炼以及适量的体力劳动，对人的身体健康有着意想不到的效果，可以消除疲惫感。 只有不时地抛开名利的枷锁，融入亲情、走向自然、拥有健康、自己的生活自己掌控、不被生活控制，才能使你远离焦虑，享受生活。

　　作家刘心武在其《心灵华体》一书中这样写道："我们的焦虑在某些特定时刻是可以量化的，而且焦虑的具体思维模式也是十分数字化的。 这不是说数字化的东西可以让量化的事情变得与众不同。 就做事的社会效益与自身的合法权益而言，重视可量化因素不仅必要而且务须认真。 但必须消弭焦虑中的不良成分，主要就是要改变或者抛弃那些不必要的数字。 一位熟人跟我说，他曾一度为自己住宅里只有一个卫生间，但是同学家中却有两个厕所的情况觉得低人一等。 但有一次他却在仍住在胡同杂院、如厕还需出院的一位同窗家里，亲眼看到了所谓的不能用简单数字量化的骨肉亲情。于是，他竟如醍醐灌顶般清醒过来，再也不会让几个卫生间之类的量化焦虑败坏自己的心情。"

古人云：闲庭信步，看门前花开花落；宠辱不惊，望天上云卷云舒。迈向成功，贵在从容！

保持理性，避免紧张情绪

紧张是一个人对外界事物在神经和肉体上的强化。好的变化，如结婚、生子，坏的变化，如离婚、待业，日久都会使人紧张。你的生活会跟着你紧张的程度产生相应的变化。紧张使人睡眠不安，甚至思考力和注意力全都下降，导致头痛、心悸、腹背疼痛、疲累等。普通的紧张是暂时性的，恐惧感是突发性的紧张所带来的。

紧张是每个人都会经历的，比如面对即将进行的高考、应聘面试、联欢会上台表演节目、独自于夜间走在荒凉的小路上等。紧张可能是因为你太在乎这些事情了，或者你断定某件坏事即将发生，或者你相信自己处境危险、孤立无援……一般都是在事情还未发生的时候你才会感到紧张，如果你的这些紧张情绪只是在特定情况下才出现，而且很快就能恢复正常，那么对你来说非但没有什么大碍，有时候对于你出色地完成某件事反而是一种促进。

但是如果你一直处在这种负面情绪中无法自拔，并且负面情绪扰乱了你正常的生活和作息，那么你就要进行自我探索，找出产生这种不良情绪的原因，用理性的想法代替不理性的想法，以便赶走坏情绪。

李云是个性格内向的孩子，在高三上学期的几次模拟考试中，她一直名列前茅，基本上能排前十名。然而，到了期中考试时，李云面对平时那些简单的小题慌乱了。考场上，她感觉自己忘记了很多所学的知识，全身肌肉发紧。从那以后，一遇到考试，李云就莫名地紧张，而且考试的前一夜常常失眠。失眠加深了她的紧张情绪，结果可想而知，她的成绩真的是前所未有的糟糕。

明明成绩很好，是什么导致成绩优秀的李云变得紧张呢？

原来，是期中考试前一天晚上的睡眠不好导致了李云的这种状况恶性循环。她是过于担心考试的结果了：昨天睡眠不好，我脑子肯定不清醒，那么必然的结果就是影响我今天的考试！考不好我可怎么办呀？这些消极意识使李云越想越紧张，越想越恐慌，最终导致她考试发挥失利。

这些坏想法终被察觉，李云找到了症结，老师也积极地帮助她调整心态，使她放松。

虽然睡眠不好，但这并不会引起脑子不清醒，更不会使考试失败；考试虽然很关键，但是一次的考试结果并不能说明什么。只要自己稳住情绪、冷静下来，暂时遗忘的知识就会在脑海中再度浮现。不能着急，要耐心等待，坚信这些困难根本不算什么，完全是可以克服的！

李云用了很长的一段时间克服这些不良的影响，逐渐养成了对消极自我意识中的不合理成分进行自我置辩的习惯，并且深刻地意识到这些消极的自我意识给自己带来的危害。慢慢地，她的情绪稳定下来，她又变得活泼开朗了，完全摆脱了考试焦虑症。

用心理学家的观点分析，人若长期、反复地处于超生理强度的紧张状态中，就容易急躁、激动、恼怒，严重者会导致大脑神经功能紊乱，影响人的身心健康。因此，要克服紧张心理，千万不要处于紧张的情绪当中。

告别将弦绷得太紧的生活

周寿春来自某省偏远山区的一所普通中学,那里的条件特别艰苦,实验设备差。由于他学习刻苦、成绩优异,全家人都对他抱有很大的期望,希望他能走出贫困的山区。尽管经济比较困难,全家还是省吃俭用地供他上学。就这样,周寿春在家人的期望下考上了北京名校。

这不仅仅是家里的荣誉,也是全村人的荣誉。大学录取通知书送到时,整个乡村都沸腾了。兴奋的乡亲们纷纷奔走相告,都来他家祝贺。乡亲们的盛情难却,他的母亲忍痛杀了家里唯一的一头肥猪以谢乡里。为了庆贺,乡里连放了三天露天电影,宣扬他的光荣事迹和这些年的奋斗史,号召大家向他学习。此外,村里还从有限的经费中拿钱为他购买了生活用品,并派人送他登上了去往北京的火车。在众人的期盼下,他来到了大学。

在周寿春的刻苦学习之中,四年的大学生活转瞬即逝。他成功地留在了北京这个国际化大都市,成了大山的骄傲。

抱着一定会有一番作为的信心踏入社会的周寿春,在短短的一段时间后,就精神失常了,完全没有了先前的活力。不知是对陌生环境的不适应,还是工作压力大,或者是对自己要求过高,周寿春每天都处于高度紧张的状态,吃不香睡不着。失眠带给他的就是精神处于崩溃状态，工作无法专心，还频频失误。工作上的不顺利又使他压力增大，最终导致睡眠成了严重的问题。

这样下去怎么可以？周寿春也意识到了，这样下去对身体是一种很大的伤害，自己在上司心目中的形象也会受到破坏。他想辞职，却又不甘心放弃这得来不易的工作机会。就这样，他思前想后，烦恼又增加了一层，睡眠质量越来越差。

每个人都存在紧张感，适度的紧张能提高人的反应速度和活动效率。初到大公司有这种紧张感情有可原，但遇到这种现象而没有进行自我调节、自我放松，会让这种紧张感日益增加，形成恶性循环，最终严重影响自己。

持续的紧张状态会破坏一个人机体内部的平衡，严重的还会被疾病困扰。心理专家认为，要想避免紧张情绪给身体带来伤害，最好的办法就是保持放松。下面给大家介绍几种放松的办法：

1. 多参加活动

紧张的学习和工作之余，多参加自己喜爱的文娱、体育以及可以使自己身心得到释放的活动，这样就可以暂时转移注意力，使心情舒畅，减缓压力。例如，伴随着优美的音乐高歌一曲或跟着节奏舞上几圈，看看电影、喝喝茶，或者跑跑步、打打球，舒展一下四肢健健身，都是很好的释放自己的方式。如果不想去户外活动，你还可以读读幽默风趣的书刊，让紧张的神经得到放松。

2. 冷静下来

就算在你面前是一个又一个的艰难险阻，你也不要慌张，不要心烦意乱，更不能逃避，而要试着冷静下来，告诉自己这些根本都不是事，要相信凡事都有解决的办法。要分清事情的轻重缓急，整理思路，先按主次解决最关键、最紧急的，最后再一点一点解决其余问题，圆满地完成任务。这样一来，你就具备了"理乱"的本领，无论你将来面对多么大的困难，都可以轻轻松松，且如鱼得水。

3. 找个倾诉对象

人生不如意事十之八九，在你失意的时候，不要忽视了身边的朋友，特别是通情达理的爱人或志同道合的知己，找个倾诉对象是你首先要做的。满腹的不平、牢骚、抱怨，你可以无所顾忌地发泄出来，对方可能不会为你找到解决的方法，但是他们却可以毫无怨言地听你诉说，给予你理解和支持。你起码能肆无忌惮地发泄一通，然后发现自己的心境有了明显的改观：本来觉得很严重的问题到最后才发现不算什么，问题总会解决，一切终会过去，这些事情根本就不需要放在心上。

现在，人们的生活太紧张，自己就不要再把自己逼得太紧了：不要强迫自己非得赚多少钱，不要和自己相差太远的人攀比，不要把自己的目标定得太高……再多的钱财都没有身心健康重要。

要抛弃本不属于自己的压力

在印度，有这样一个故事广为流传：

有一个很贫穷但是很快乐的理发师，他拥有仿佛是只有神仙才拥有的快乐，他没有什么可以担心的。他是国王的理发师，时常为国王理发、按摩，整天服侍国王。

甚至连国王都嫉妒他，总是问他："为什么你一直这么快乐呢？你总是兴致勃勃的，好像不是在地上走，而是在天上飞。你到底有什么诀窍能让自己这么快乐？有什么秘密吗？"

穷理发师说："我不知道。实际上，秘密这个词我从来都没有听说过。您说的是什么意思呢？我只是快乐，我赚我的面包，然后我躺下来休息，仅此而已。"

后来，国王问他的首相，因为他的首相是一个学识非常渊博的人。

国王问："你肯定知道这个理发师的秘密。我是一个国王，我都不曾感觉到这么快乐，可是他是个一无所有的穷人，竟然可以这么快乐。"

首相说："他之所以快乐，是因为他不必整日被那些恶性循环的坏环境所困扰。"

国王问："什么恶性循环？"

首相笑了，说："您虽然不了解这个恶性循环，但您正置身于其中。让我们做一件事情证明这种恶性循环的存在吧！"

那天夜里，他们将99块金币装进袋子，并扔进了理发师的家里。

第二天，理发师好像掉进地狱里了。他满脸都写着无奈和烦闷，实际上，他整个晚上都没有睡，一遍又一遍地数着袋子里的钱——99块金币。由于他实在太兴奋了，所以他根本难以入睡。他非常兴奋，整整一夜都翻来覆去地难以入眠。他反复地从床上爬起来，摸摸那些金币，再一次地数……他从来没有数金币的经验，而99块也是一个麻烦——因为当你有99块的时候，你就会想着再搞到1块金币，以凑够100块。而1块金币对他来说又是一个十分难弄到的东西。他每日所挣的工钱只够他应付日子，1块金币相当于他近一个月的收入。究竟要怎么搞到这1块金币呢？他想尽了一切办法——一个穷人，对钱没有多少了解，如今的他深陷困境。他能想到的最好的办法就是：断食一天，然后吃一天。长此以往，他相信总有一天可以攒够1块金币。然后，他就可以拥有100块金币了……

这个愚笨的想法在他的头脑中产生，他坚定地相信他一定能拥有100块金币。

第二天他来了，但是很忧郁——他发现什么都没有改变，压力像沉重的担子压在他的肩颈上。

国王问："你看起来很不好，这是怎么回事儿？"

他疲惫的心好痛，没有力气说话，没有心情吃饭，因为他不想谈起那个钱袋。

于是，国王说："你在干什么？这么无精打采的。你看起来这么愁苦，到底发生什么事了？告诉我，你一定要告诉我，我可以帮助你。"

在国王的坚持下，他终于说出了心里的烦恼。

他说："一个愚笨的念头使我陷入了不能自拔的境地，我深陷其中，是个受害者。"

然而，在现实生活中又何尝不是这样呢？很多压力不是来自外界，而是来自于自己。很多人本已经背负了太多的东西，却还要难为自己，何必呢？

正因为缺少一颗淡定的心，一个原本快乐的人才会在金钱面前失去平和，拿不起、放不下，置身于两难的境地，使自己的心在两极中挣扎，感受着无尽的惶恐，品尝着自酿的悲哀与苦涩，体验着身心俱疲的痛苦，最终陷入不能自拔的烦恼中。

掌握节奏，张弛有度

有一天，猎人突然发现一个平时在村里十分严肃的老人正在做一个很有趣味的游戏。猎人想，老人平时刻板严肃，怎么会在没人时像个儿童一样顽皮快乐呢？

他去问老人，老人说："你是个猎人，为什么不打猎的时候不把弓随时扣上弦呢？"猎人说："如果每天都拉紧弦，那么弦就会失去弹性了。"老人说："我和小鸡游戏，也是这个理由。在闲暇的时候应该适当地放松一下自己，也就相当于放松了心灵。"

生活也一样，我们的工作永远都干不完，总是有新的目标在前方等待着我们。但是，我们每天疲于奔命，如果不找机会让自己放松一下，最终这些事情就会超出身体的承受极限。

如果人们没有规律的作息时间，就很容易造成情绪不稳、心里失衡，以致患上职业病，使人们的生活、工作及心理上产生无形的压力。更有甚者，还会导致猝死。

所以，我们要学会放弃，换个心情，放松自己，不妨做些运动，忘掉工作中的烦恼。

有一位网球运动员，其他运动员赛前都好好休息、放松自己，然后练球，他却一个人去打篮球。有人问他，你为什么不练网球？他说，进行一项不相干的运动是最好的休息和放松，因为它不是你的专业，所以打起来没有压力，不用想输赢。

对于他来说，心情的轻松是一种最好的享受，愉快就是最好的休息。

一个人每天为了生存、生活而奔波，根本没有时间享受生活，因为生活的担子太重，需要拼命地工作才能换来幸福的生活。每天的超负荷工作把人变成了陀螺，争时间、抢速度、不停地转，这已经成了市场经济这个大环境中的普遍现象。

在一家外企工作的小义现在很担心一件事情：自己是否得了健忘症。和客户约好见面，放下电话就记不清时间了；原本计划好的工作，一进办公室忙别的事就忘了，直到对方打电话来催……小义感觉自从半年前进入公司后，自己就像上了弦的表，一刻不停地在转，忙得晕头转向。他越来越难以应付这样的工作，快撑不住了。"那种繁忙和压力是原先无法想象的，每个人都有自己的工作，谁的工作谁来完成，不要指望别人帮助你。现在只有上班有点，下班已经没什么时间概念了，常常加班到晚上10点，把自己搞得很累。即使休假了，休假期间的工作也要在休假后加倍工作才能完成，手头的工作越来越多。"他无奈地向朋友诉苦。

在现实生活中，类似于小义这种情况时常发生，尤其是在竞争激烈的公司中，更为常见。

根据数据显示，美国大部分人因压力太大而死亡，企业每年因压力遭受的损失达 1500 亿美元——因为压力致使员工身体状况不佳而导致缺勤，继而工作效率低下。

在挪威，每年国民生产总值的 10% 都用于职业病的治疗。

在英国，据调查，与压力相关的缺勤占企业的 6%，由于压力造成每年 1.8 亿个劳动日的损失。

我们有很多时间让自己发生改变。比如，下班时提前一站下车，花半小时，放慢脚步，到公园里走走；或者什么都不做，什么也不想，看看无暇顾及的景色，使平时紧张的情绪放松下来，你会觉得生活原来是很美好的，只是往日没有时间欣赏罢了。

出国度假、游览名山大川不是所有人都能实现的，但学会爱护自己，忙里偷闲，则人人都能做到。

让自己远离工作低潮的途径

快节奏的生活，加之身处于这个信息飞跃的时代，你会发现自己与社会脱节了，原本令你引以为傲的"知识"已经被抛到了九霄云外，在工作中不断遇到烦心的事儿使你心情低落、工作陷入困境，导致白天倦怠、晚上难眠。久而久之，一个念头在脑海中占了上风：不想上班了！

我们所面临的种种问题，例如工作中的不顺心、遇人不淑，都会让我们产生这个念头。如何让这种念头消散，是每个上班族都必须学会的。根据经验，我们总结出了以下十条重拾信心的法则：

1. 重新树立信心

不顺心是我们工作中遇到的最强劲的对手，所以你要做的第一件事就是重新寻回自信。大声说："我可以，我要做最好的、最强的、才智无人能比的人，我是最棒的……"就是要这样自我催眠，每天发自内心地大喊出来，给自己加油。

2. 坚持自我不放弃

脚下的路是自己选的，只要认准了，就绝不轻言放弃。牢记不要怀疑自己的选择，坚定信念、忠于自我。

3. 学会减轻压力

在工作中遇到一时排解不了的困难时，要适当地给自己放个小假,缓解一下压力。 这样,当再次回到工作中时,也许会豁然开朗。

4. 学习充电
让自己已经生锈的大脑转起来,有时压力并非来源于工作,而是因为自己的知识面不够宽,这是学习充电的最重要的原因。

5. 适量参加运动
许多上班族都与运动无缘,常常坐着工作,而不运动身体会产生不适,精神倦怠,这时"运动疗法"就派上用场了。 适当做些运动可以减少工作中的压力。

6. 人与人之间和谐相处
龙生九子,各有不同,当然不可能每个人的个性都互相吻合,连舌头和牙齿都会打架,更何况是人与人之间呢? 人与人之间要真诚相待,同时,也要保持适当的距离。 相处的最高境界是永远把别人当作好人,而不期望人人都是好人。 在工作范围内要绝对服从老板,不要顶撞老板,别给自己找麻烦。

7. 适时释放
在不忙碌的时候或者下班后,给自己留出安静和谐的 10 分钟,做自己想做的事情,放慢脚步,品品茶,逛逛街。 在忙碌的人群中,让心情放轻松。

8. 改变形象
改变自己的形象也能改变心情,换个发型、换个穿着风格，都会让你心情大好。偶尔换种态度相信也是不错的选择。

9. 制造环境

工作环境往往决定了工作效率的高低。告别生硬的报表、文件，换上一盆花草，养缸可爱的小金鱼，会使你的工作环境很温馨，相信好心情也会随之而来。

10. 另辟蹊径

如果以上方法都不能缓解你的压力，那么换个工作试试吧，也许它真的不适合你，解脱出来也是爱自己的表现。天涯何处无芳草，想开点！

以上所归纳的十条，总有一种方法适合你。同样的道理，在众多的工作中，总有一项工作是适合你的，英雄不怕无用武之地。

第五章
不再依赖：你的人生只能由自己选择

点亮人生的希望

　　米勒教授和另外两名地质专家组成了考察团，准备进溶洞考察。溶洞在当地人们的眼里是一个"迷洞"，曾经有勇敢者进去过，但都是一去不复返。

　　随身携带的计时器显示，他们在漆黑的溶洞里已经走了14个小时，此时一个有半个足球场大小的水晶岩洞出现在他们的面前。他们兴奋地跑了过去，尽情欣赏、抚摸着那些迷人的水晶。激动的心情平静下来之后，那个负责画路标的专家突然惊叫道："刚才我忘记刻箭头了！"他们再仔细看时，发现四周有着上百个大小各异的洞口。这些洞口就像迷宫一样，洞洞相连，他们转了很久，始终没能找到出去的路。

　　米勒教授在洞前悄无声息地搜寻着，突然他喜出望外地喊道："这儿有一处标志！"他们决定顺着标志的方向走。米勒教授每次都先发现标志，并一直走在前面。

　　终于，他们的眼睛被强烈的阳光刺得睁不开了，这表示着他们已经走出了"魔洞"。另外两个专家竟像孩子一样呜呜咽咽起来，他们对米勒教授说："如果不是那位前人……"而米勒教授则慢慢地从衣兜里掏出一块被磨去半截的石灰石递到他俩面前，语重心长地说："在无路可走时，我们只有相信自己……"

其实人生就是一次最有意义和刺激的探险，也许当我们为实现一个目标而长途奔波的时候，突然间会失去方向，陷入孤独无援的境地。 生活通常就是这样，它在奉献给我们蜜饯的同时，又悄无声息地在我们面前布下了许多的"迷洞"，来考验我们的坚持与胆量。

命运掌握在自己手中

有这样的一个故事：

一个生活得很平凡的年轻人，对自己的人生没有自信，经常会去找一些"赛半仙"算命，结果越算信心越不足。他听说山上寺庙里有一位了不起的禅师，有一天，他带着对命运的困惑去访问禅师，他问禅师："这个世界上真的存在命运吗？大师，请您回答我。"

"是的。"禅师回答。

"噢，如果真的存在命运的话，我是不是注定要穷困一生呢？"他问。

禅师指着年轻人的左手说："你看清楚了，这条横线叫爱情线，这条斜线叫事业线，生命线则就是另外一条竖线。"

最后，禅师让他做了一个动作，把手慢慢地握起来，紧紧地握住。

禅师问："现在，你说这几根线在哪里？"

那人困惑地说："在我的手里啊！"

"那你说命运呢？"

年轻人终于豁然开朗，原来命运把握在自己的手中。

不管别人怎么跟你说，记住，命运始终把握在自己手中，而不是在别人的嘴里！当然，再仔细看看自己的拳头，你还会发现，生命线还有一部分留在外面，它又给你什么启示？命运大部分掌握在自己手里，但还有一小部分掌握在"上天"的手里。从古至今，凡成大业者，他们"奋斗"的意义就在于用其一生的努力去换取没有抓住的那一小部分"命运"。

俗话说："天上不会掉馅饼。"你只有积极主动、努力争取，才可能获得满意的结果。如果只是一味地等待机会，就如同等待天上掉馅饼，这样的话，陪伴你的也只有一次次的失望甚至是绝望了。

那么，现在紧握自己的拳头，对自己的内心大声说一句：命运掌握在我自己的手中，并不在其他人的手中！

生命需要自己设定

一位成功人士回忆他小时候的经历：

在上小学六年级时，我考取了第一名，老师送我一本世界地图，我很高兴，一回家就开始仔细看。不幸的是，那天轮到我在家里烧洗澡水。我就一边烧水，一边在灶边看地图，看到一张埃及地图时想到埃及有金字塔、艳后、尼罗河、法老，还有许多神秘的事物，心想长大后我一定要去埃及。

看得正高兴的时候，突然听得背后有人问："你在干什么？"我转身一看，原来是我爸爸，我说："我在看地图。"爸爸很生气地说："火都熄了，看什么地图！"我说："我在看埃及的地图。"我父亲跑过来"啪、啪"给我两记耳光，然后说："快去生火，看什么埃及地图！"打完后，往我屁股上一脚，把我踢到火炉旁边去，用很严肃的表情对我说道："我给你保证！你这辈子休想到那么遥远的地方去！赶紧生火烧水！"

我当时看着我爸爸，吃惊地想：我爸爸怎么能给我这么奇怪的保证，这是真的吗？我这一生真的不可能去埃及吗？20年后，我第一次出国就去的埃及，我的朋友都问我："你去埃及做什么？"那时候还没完全开放观光，出国是很难的。我说："因为我的人生要我自己把握。"于是我就一个人小跑到埃及旅行。

当我坐在金字塔面前的台阶上,我买了张明信片寄给我爸爸。我写道:"亲爱的爸爸:我现在在埃及的金字塔前面给你写信。还记得我小的时候,你打我两个耳光,踢了我一脚,保证我不能到埃及来,现在我就在埃及这里给你写信。"写的时候感慨颇深。我爸爸收到明信片时跟我妈妈说:"哦!这是什么时候的事情?还挺有效果,一脚踢到埃及去了。"

你是自己的设计师,成败全由你自己决定。

如果将自己的发展倚仗于别人的定位,而没有自己的人生目标,没有实现自己的愿望,就不可能成就一番事业。你的生命,要靠自己去粉饰。你要选择自己的人生道路,确定人生的目标,也就是为自己"人生道路怎么规划""怎么选择方向""最终要有怎样的成就"进行设计。

为自己的人生定位

一位智者说：即使是最弱小的生命，如果把全部精力集中到一个目标上也会功成名就，而最强大的生命如果把精力散发开来，最终也会劳而无功。

你可以长时间卖力地工作，创意十足、学富五车、才华盖世、屡有洞见，甚至好运连连。可是，如果你无法正确选择自己的定位，不知道自己的方向是什么，那么一切都会枉费心机。

所以说，你怎么定位自己，你就是什么，定位能改变自己的一生。

一个乞丐站在路旁卖橘子，一个路过的商人向乞丐面前的纸盒投了几枚硬币，就急急忙忙地赶路了。

没过多久，这个商人回过头来取橘子，说："对不起，我忘了拿买的橘子，因为你我毕竟都是商人。"

几年后的一天，这位商人参加一次高级酒会时，遇见了一位衣冠楚楚的先生向他敬酒致谢，并告诉他说自己就是当初卖橘子的乞丐。是商人的那句"你我都是商人"的话改变了乞丐的一生。

这个故事告诉我们：你定位自己是乞丐，那么你就是乞丐；你定位自己是商人，你就是商人。

定位对我们很重要，它决定并改变人生。

汽车大王福特从小就在头脑中幻想一种能够在路上行走的机器，用来替代牲口和人力。虽然全家人都要他在农场做助手，但他不在乎别人的目光，他一直坚信自己可以成为一名机械师。于是，他用一年的时间完成了别人需要三年才能完成的机械师培训课程，随后他花两年多的时间研究蒸汽原理，希望实现自己的理想，但失败了。接着他又投入到汽油机的研究中，每天都幻想制造一部汽车。他的创新思想被发明家爱迪生所看好，诚邀他到底特律公司担任工程师。经过十年不懈的努力，他成功地发明了第一部汽车引擎。福特的成功，应归功于他的准确定位和勤奋努力。

迈克尔从商之前，是一家酒店擦车、搬行李的服务生。有一天，一辆豪华的劳斯莱斯轿车停在酒店门口，车主吩咐道："把车洗洗。"刚刚中学毕业的迈克尔从来没有见过这么漂亮的车子，很高兴。他边洗边观赏这辆车，擦完后，没忍住拉开车门，想上去享受一番。这时，恰巧领班走了过来，"你在干什么？"领班呵斥道，"难道你不知道自己的身份和地位吗？你这种人一辈子也不可能坐劳斯莱斯！"

受到侮辱的迈克尔从此发誓："这一辈子我不仅要坐上劳斯莱斯，还要拥有属于自己的劳斯莱斯车。"这成了他人生的目标。许多年以后，当他事业有成时，真买了一部劳斯莱斯轿车。

如果迈克尔也像领班一样承认自己的命运，那么，说不定今天他还在替人擦车、搬行李。由此可见，目标对人生是何其重要啊！

　　生活中，有这样一些人：他们或因受宿命论的影响，凡事听天由命；或因性格懦弱，习惯依赖他人；或因没有责任心，不敢承担责任；或因惰性太强，好逸恶劳；或因缺乏理想，混日为生……总之，他们给自己的定位很低，遇事便逃避，不敢为人之先，不敢转变思路，而被一种消极心态所控制，甚至走向极端。

　　成功的含义对每个人而言都不同，但无论我们怎么看待成功，必须要有符合自身的定位。

选择是掌握自己命运的重大力量

掌握自己命运的重大力量之一是选择。
要掌握自己的命运,就必须掌握选择的力量。
错误的选择往往使辛勤的努力前功尽弃,造成弥天大祸。
只有做出正确的选择,所付出的努力才会有回报。

一群野牛正在迁徙,突然遭受数只凶猛的猎豹的袭击。适才还很悠闲的野牛群顿时像炸了窝的马蜂,惊恐地四处逃窜,逃避猎豹,逃脱死亡。逃窜中,一只接一只的野牛被扑倒,没有搏斗,连反抗也是那样虚弱,只是哀鸣了几声,便被猎豹分食了。

突然,一只看起来柔弱的小牛,就在快被猎豹追上的一瞬间,突然转向,全身奋力地后移,努力将身体的重心靠后,奔跑的四蹄成了四条铁柱,稳固地斜倚在地上,周围腾起一股尘土,就好比爆响的炸弹掀起的浪。在这九死一生之际,这只小小的野牛停了下来。

急停下来的小野牛,不但没有被猎豹吓倒,反而用那对尖硬的牛角,猛扎冲过来的猎豹。那只目空一切的猎豹,还没看清发生的一切,就被小野牛的尖角扎进肚腹,抛向空中。

立刻,情况有了转变,奔逃的野牛们还在豁出性命地奔逃,而其他猎豹却大吃了一惊,先是停顿,紧接着落荒而逃了。

　　我们不知道为什么唯独那只小野牛不像它的父母兄弟姐妹那样以逃跑求生，而是选择回击，去战胜自己所面对的对手。但它的行为却给我们带来了启示。

　　人生的道路不会一帆风顺。我们不能被困难所击倒，而应当努力去战胜困难。因为当你重新做出选择时，你就会拥有一种不可战胜的力量，而这种力量会使你战胜一切，也会使你的人生像初升的太阳一般，突破云层，在蔚蓝的天空升起。

　　在这种情况下，我们需要凝聚一种新的力量，以重新面对世界。面对危险，你必须做出选择，这就好比你不会游泳却被人推到河中一个道理，除了拼命游上岸外，别无生路。

　　有时候，所想要选择的诸多对象对我们有同等吸引力时，选择便会变得很艰难。

　　选择伴随我们的一生，并决定我们成功与否。选择比性格更重要，选择比奋斗更有力量，选择比才华更有力量，选择是人生最大的力量。

直面批评，勇往直前

如果坚信自己是正确的，就要勇往直前地走下去，而不要踌躇不定，更不要在乎别人的看法。

狄奥尼西斯·拉多纳博士曾任伦敦大学教授，他出生于1793年。他的观点是："在铁轨上的高速旅行将导致乘客不能呼吸，窒息而亡。"

莫扎特的歌剧《费加罗的婚礼》于1786年初演。落幕后，拿波里国王费迪南德四世直接地发表了感想："莫扎特，你这个作品音符太多，以至太吵了。"

国王不了解音乐，我们可以不指责。1873年，美国波士顿的音乐家菲力普·海尔表示："要不设法删减贝多芬的第七交响乐，早晚会被淘汰。"

乐评家不懂得欣赏音乐，音乐家也不见得明白。柴可夫斯基在他1886年10月9日的日记里写道："我演奏了勃拉姆斯的作品，这家伙没有天分，眼看这样平庸的狂妄的人被人尊为天才，真教我忍无可忍。"

有趣的是，1881年乐评家亚历山大·鲁布就替勃拉姆斯报了仇。他的撰文刊登在杂志上："柴可夫斯基一定和贝多芬一样聋了，他比我们幸运，可以不用听自己的作品。"

1962年，还没成名的披头士合唱团向英国威克唱片公司毛遂自荐，惨遭拒绝。公司负责人的观点是："吉他合奏已经不流行了，我不喜欢这群人的音乐。"

艾伦斯特·马哈曾经担任过维也纳大学物理学教授。他说："我不承认原子的存在，正如我不承认爱因斯坦的相对论一样。"

爱因斯坦对以上批评并不在乎，因为早在他10岁于慕尼黑念小学时，任课老师就对他说："你长大后不会有出息的。"

其实，遭人反对、小看不是坏事，这可以促使我们争取进步。可是，人身攻击就令人无法忍受。

法国小说家莫泊桑，曾被人指责为："这个作家的愚笨，在他眼睛里展露无遗。那双眼珠，有一半陷入上眼皮，如在看天，又像狗在小便。他凝视你时，你会为了那愚不可及而想打他一百个耳光，却仍不解恨。"

即使是西方文学大师莎士比亚，也曾被人指责。以日记文学而著名的法国作家雷纳尔在1896年的一篇日记中写道："第一，我不了解莎士比亚；第二，我不喜欢莎士比亚；第三，莎士比亚总是令人厌烦。"1906年，他又在日记中说："喜欢莎士比亚的人，只能是讨厌完美的老人。"

雷纳尔先生爱说玩笑话，他在1906年的日记中写道："你问我对尼采有何看法？我认为他名字里的赘字太多。"连名字都不喜欢，何况文章呢？

英国作家也曾以犀利的语言，批评萧伯纳说："他没有敌人，但他身边的人都深深地恨他。"

1766年，卢梭54岁那年，被人嘲讽为："正如猴子有点像人类，卢梭有一点像哲学家。"

　　随着时间的流逝，这些曾经被嘲讽的人证明了自己和自己的作品是多么伟大。如果他们当时被指责和嘲讽所打倒，世界的艺术长河将失去许多光彩。他们不受别人的影响，因为他们坚持不懈，最终取得了成功。

走自己的路

在清朝乾隆时期，有两名书法家：翁方纲和刘石庵。翁方纲极费力地模仿古人，要求自己的每一笔一画都要酷似某某，例如某一横要像苏东坡的，某一捺要像赵孟頫的。一旦练到了这地步，他便颇为得意。刘石庵则正好与翁方纲相反，不仅苦苦地练习，还要求每一笔每一画都有创新，讲究随性，直到练到了这种程度，他才觉得心里安稳。

那么，究竟谁能成为大师呢？那个故事没说，只是描述了一个情节：有一天，翁方纲嘲笑刘石庵，说："请问仁兄，您写的字哪一笔是模仿古人的啊？"刘石庵听后并没有生气，而是笑容可掬地反问了一句："也请问仁兄一句，您的字，究竟哪一笔是您自己的风格？"翁方纲听了，顿时无话可说。刘石庵坚持不懈地钻研，成就了自己的特点，做到了"我就是我"。

从创造学的观点看，翁方纲没有成功。个性是用来区别人与人之间的不同的，正因为有了个性的差别，才成就了精彩的人生，才谈得上相互借鉴、相互前进、相互吸收。因为个性，才让自己显得很特别。

其实，成功的人都有独立的思考，没有自己思想的人不会做出让别人记住他的事。

第六章
承受挫败：成功都是用坚持熬出来的

进取心可以使一切皆有可能

不满足于现状,不为眼前的成功而骄傲自满,这就是进取心。 成功人士之所以能够超越自我不断创造奇迹,就是因为他们不断进取,认为一切皆有可能。

日本"经营之神"松下幸之助就非常强调把"不可能"变为"可能"的精神。他说:"一个人在面临困难的时侯,逃避不是办法,只有迎难而上克服困难才是最重要的。这种情势常能激发出意想不到的智慧和潜力而获得良好的成果。"

松下幸之助曾讲过这样一次经历:

1961年,松下幸之助正好到松下电器去,当时干部们正在开会。松下幸之助问他们"今天开的什么会"?有人抱怨说:"丰田汽车要求大幅度降价。"详情是丰田要求松下电器将汽车收音机的价钱,自即日起降低5%,半年后再降15%,总共降价20%。丰田打着贸易自由化的旗号做出这种要求,认为与美国等国家汽车业竞争的结果将使日本车售价偏高,难以生存。

丰田为了降低售价提高竞争力,希望供应汽车收音机的松下电器能降价20%。当时的日本并不像今天一样能够制造物美价廉的车子,当时的情况非常艰苦。

在了解情况之后,松下幸之助问:"目前我们的利润有多少？"

"大约只赚3%。"

"这么少？3%实在偏低。在这种情况下还要降20%，那可不成！"

"就是因为这样才需要研究讨论。"

会议是要开的，不过松下幸之助想要解决这个问题绝非易事。目前也不过才赚3%，如果再降20%，那岂不是要亏17%？

松下电器本可以驳回丰田汽车的要求，而且大多数人都会这么做。然而如果情况特殊，让价20%是否仍值得考虑呢？光认为不可能，在松下幸之助看来是不明智的。所以，他先抛开一般的想法而站在丰田的立场来分析这个问题。松下幸之助想，假如换成松下电器的话，在面临自由化的情况下可能也会提出丰田公司的要求。

虽说这样的要求使松下公司大为震惊，然而丰田本身必然也已经绞尽脑汁想出降低成本的方法以谋求发展。因此，光看减价幅度确实有点过分，但松下电器也要谨慎地考虑该怎么去配合丰田的要求。

方法肯定存在，但想法却必须要改变。照现在设计的产品要降低20%绝无可能，因此非有新的想法不可。所以，松下幸之助对大伙做出指示说："在性能不降低、设计必须考虑对方需要这两个先决条件下，我们不妨全面更新设计。最好是不仅能够降低20%的成本，而且还要获得适当利润。

"在大家完成新设计之前，亏本难以避免。这不仅与丰田有关，而且还关系到整个日本产业的维持及发展问题，因此势在必行，希望诸位能够努力完成任务。"

一年后，松下电器在做到了如丰田所希望的价格的基础上实现了盈利。这是因为大幅度降价压力而激发出来的一次成功的产品革命。松下幸之助认为，这才是一种正确经营事业的态度。

由此，松下幸之助总结道："不论是经营事业还是做其他事情，如果抱着'这根本不可能办到'的想法，那么绝对不可能成功。反之，如果持着'应该可以办到，问题只是要如何去做而已'的想法，很多困难的工作也会由'不可能'变成'可能'。"

不满意现状才会去继续奋斗，只有保持清醒才能看清方向。当你拥有不断进取的决心时，它将赐予你无穷的力量，在困难面前锐不可当。这种积极的心态，让一切变得皆有可能。因此，当你做出决定时，就应该坚持变"不可能"为"可能"。

发挥潜力，战胜困难

人的潜力是惊人的，很多时候，你认为自己无法承受的事，往往最终都能不费力气地承受下来，人生没有无法承受的事，相信你自己。

其实，有些困难并不如你所想象得那样可怕。只要勇敢面对，你就能够承受得了。等你适应了这些不幸以后，你就可以从不幸中发掘出幸运的种子了。

帕克在一家汽车公司上班，很不幸，一次机器故障致使他的右眼被击伤，经过抢救后还是没能保住，他的右眼球被摘除了。

帕克原本是一个十分乐观的人，但现在却变成了一个沉默寡言的人。他害怕上街，因为总是有那么多人注意到他的眼睛。

他的休假一次次被延长，妻子艾丽丝承担起了家庭的全部开支，因此她在晚上又找了一份兼职。她很在乎这个家，她爱着自己的丈夫，想让全家过得像过去一样。艾丽丝认为丈夫心中的阴霾总会消散的，那只是时间问题。

但糟糕的是，帕克的另一只眼睛的视力也受到了影响。在一个阳光明媚的早晨，帕克问妻子谁在院子里踢球时，艾丽丝惊恐地看着眼前的丈夫和正在院子里踢球的儿子。在以前，儿子即使站在更远的地方，他也能看到。艾丽丝没有说什么，只是走近丈夫，轻轻地抱住他的头。

帕克说："亲爱的，我知道以后将要发生什么事，我已经意识到了。"

艾丽丝的泪水滑落了。

其实，艾丽丝早就知道会有这种后果，只是她怕丈夫受不了打击而要求医生不要告诉他。

帕克知道自己要失明后，反而镇静多了，连艾丽丝也不禁觉得奇怪。

艾丽丝知道帕克能见到光明的日子已经不多了，她想在丈夫心底留下些什么。她每天把自己和儿子打扮得容光焕发，还经常去美容院。在帕克面前，不论她心里多么悲伤，她总是努力微笑。

几个月后，帕克说："艾丽丝，我发现你新买的套裙变旧了！"

艾丽丝说："是吗？"

她奔到一个他看不到的角落，低声啜泣着。她那件套裙的颜色在太阳底下依旧鲜艳动人。她想，究竟还能为丈夫做些什么呢？

第二天，家里来了一个油漆匠，艾丽丝想把家具和墙壁粉刷一遍，让帕克的记忆中永远有一个新家。

油漆匠工作很认真，一边干活还一边快乐地吹着口哨。干了一个星期，终于把所有的家具和墙壁刷好了，他也了解到了帕克的遭遇。

油漆匠对帕克说："对不起，我干活有点儿慢。"

帕克说："你天天那么开心，我也为你感到高兴。"

算工钱的时候，油漆匠少要了100美元。

艾丽丝和帕克对他说："你少算了工钱。"

油漆匠说："我已经多拿了，一个等待失明的人还可以如此安分，你让我看到了什么叫勇气。"

但帕克却坚持要多给油漆匠100美元，帕克说："我也懂得了原来残疾人也可以自力更生，并生活得很快乐。"

原来，油漆匠只有一只手。

哀莫大于心死，只要自己那颗乐观、积极、充满希望的心不死，身体的残缺又有什么关系呢？要学会享受生活，只要不丧失生活的勇气，那么，你的人生依然是绚丽多姿的。

只要相信自己，人生就没有承受不了的事。至于受老板的责骂、受客户的烦扰这种小事，你还会介意吗？

风雨之后总会有彩虹

厄运最大的特点是不会一直存在，因此，当你正遭受厄运的打击时，一定要相信，幸福很快就会来临。

一位名人说过："没有永久的幸福，也没有永久的不幸。"厄运尽管让人痛苦、令人不快，甚至打击一个人几年、十几年，但它也有"致命弱点"，那就是它也会有终期。

那些在命运上接连遭受打击的人，不要总是哀叹自己"命运不济"，一定要相信：厄运不久就会远走，好运早晚会到来。

宾夕法尼亚州匹兹堡有一个女人，她已经35岁了，以前一直过着平静、舒适的中产阶层的家庭生活。但是，四重厄运突然降临在她身上：丈夫在一次事故中丧生，留下两个小孩；没过多久，一个女儿被烤面包的油脂烫伤了脸，医生说伤疤可能永远消除不掉了，女人为此伤透了心；她在一家小商店找了份工作，可没过多久，商店倒闭，她失业了；丈夫给她留下一份小额保险，但是她错过了最后一次保费的续交期，因此保险公司拒绝支付保费。

碰到一连串不幸事件后，女人近于绝望。她左思右想，为了自救，决定再努力一次，尽力拿到保险补偿。在此之前，她一直与保险公司的业务员谈。她想面见经理时，接待员说经理不在。她站在办公室门口无所适从，就在这时，接待员离开了办公桌，机遇来了。她走进经理办公室，经理很有礼貌地问候了她，她受到了鼓励，如实恳切地讲述着索赔时存在的问题。经理派人取来她的档案，经过再三思索，决定以德为先，给予赔偿。按照原则，公司没有义务进行理赔，但是经理还是决定赔偿，并为她办理了手续。

然而，好运并未就此中止。经理尚未结婚，他对这位年轻寡妇一见倾心。他给她打了电话，几星期后，他为其推荐了一位医生，医生为她的女儿治疗后，脸上的疤痕彻底消失；他托朋友在大百货公司为她找了份比以前还好的工作。不久，他向她求婚了。几个月后，他们结为夫妻，婚姻生活十分幸福。

这个故事告诉我们，厄运不会长久，幸福随时都会来临。

易卜生说："不因幸运而骄傲自满，不因厄运而一蹶不振。真正的强者，善于从顺境中找到阴影，从逆境中找到光亮，时时调整自己的方向。"

黑暗只是光明的前兆

不要诅咒眼前的黑暗,我们需要做的是做好准备,去迎接光明,因为黑暗只是光明的前兆。

莎士比亚在他的名著《哈姆雷特》中有这样一句经典台词:"光明和黑暗仅一线之隔。"一个人身处黑暗之中,他的心灵之光不能因黑暗而黯淡,而是要充满希望,因为黑暗只是光明来临的前兆而已。

清代有一个年轻书生,自幼勤奋好学,困于村庄没有好的教书先生,书生的父母决定变卖家产,让孩子外出求学。

一天,天色已晚,书生饿着肚子想要到山里找户人家借住一晚。走着走着,树林里忽然窜出一个拦路抢劫的土匪。书生马上使劲儿向前跑,无奈体力不支,再加上土匪穷追不舍,眼看就要被追上了,正当走投无路时,书生一急钻进了一个山洞里。土匪见状,不肯罢休,也追进山洞里。洞里一片漆黑,在洞的深处,书生最终还是被追上了,他被土匪逮住,自然少不了一顿毒打,身上所有的钱财及衣物,甚至包括一把夜间照明用的火把,都被土匪一掳而去,只给他留下一条性命。

然后,两个人都开始寻找着山洞的出口。这山洞极深极黑,且洞中有洞,纵横交错。

土匪将抢来的火把点燃，脚下的石块一目了然，能看清周围的石壁，因而他不会碰壁，不会被石块绊倒，但是，他走来走去，就是找不到出口。最终，恶人有恶报，他迷失在山洞之中，力竭而死。

书生失去了火把，无法照明，在黑暗中自然走得十分辛苦，他不时碰壁，不时被石块绊倒，跌得鼻青脸肿。但是，正是由于他处于黑暗之中，所以他的眼睛能够敏锐地感受到洞外透进来的一点点微光，他向前面光亮处艰难地爬行，最终逃离了山洞。

如果没有黑暗，怎么能感受到光明呢？黑暗并不可怕，它只是光明到来之前的预兆。在黑暗中摸索前行，充满光明的渴望，才是最佳的心态。如果你害怕黑暗，因黑暗而绝望，你将被无边的黑暗所淹没。相反，一直点亮心中的明灯，光明很快就会降临。

面对挫折，抓住每一个成功的机会

哪怕只有万分之一的机会，也不要放弃。有的人走出困境正是靠这万分之一的机会，为什么要放弃上天的恩赐呢？

其实，上帝不会偏袒任何人，上天对任何人都是公平的，就像爱因斯坦所说的那样："上帝高深莫测，但他并无恶意。"所以，任何一件事情发生的概率是不变的，也就是说，不管是好事情还是坏事情，不管可能性多么小，它也是会发生的。

从这个推论中，我们可以得知，成功有时来自很小的机会，当成功的机会降临时，关键是能否发觉并抓住它。

"不放弃任何一个，哪怕只有万分之一可能的机会。"声名显赫的企业家甘布士如是说。

有一次，甘布士要乘火车出去，但事先没有买好车票。这时刚好是圣诞前夕，到外地去度假的人很多，因此火车票几乎买不到。

甘布士夫人打电话到车站询问，结果火车票已售罄，不过如果不怕麻烦的话，可以到车站碰碰运气，看是否有人临时退票。车站还特别强调一句：这种概率可能只有万分之一。

甘布士毅然拿着行李去了车站，可是等了好久，一直没有人退票，甘布士仍然耐心等待。离发车还有五分钟时，一个女人匆忙来退票，因为她家里有急事，旅行只得改期。于是甘布士如愿以偿,搭上了火车。

到了目的地,甘布士给夫人打了一个长途电话:"我等到万分之一的退票机会了,因为我相信,付出总会有回报的。"

甘布士在生活中也坚持着不放弃万分之一的机会的信念,终于在芸芸众生中脱颖而出,从一家制造厂的小技师成长为拥有五家百货商店的老板,最终成为赫赫有名的企业家。

甘布士的事例让我们受益匪浅。在通往成功的道路上,处处都有可能被错过的良机。因此,我们要像甘布士那样,即使是万分之一的机会也不能轻易错过,努力去奋斗,最终会实现我们的目标。

能够承受痛苦，生活才会更加美好

上帝给予人的都是相等的生活，故而对于每个人来说其实都是公平的，你所应承受的痛苦与他人也毫无区别。当遭遇悲惨的命运时，我们应该懂得享受其中的快乐，懂得享受生活所带来的磨难，不应该一味地懊恼痛苦。

人何苦为难自己而烦恼呢？人为什么要痛苦呢？其实，烦恼与痛苦是每个人都会遇到的事情。有的人深陷其中而无法脱身，而有的人却能够坚强地挺过去。当烦恼与痛苦找上门来时，你要想，它并不是永恒的，快乐总会降临的。

其实，人的承受能力远比我们自认为的要强得多。我们总是在遭遇一次重创之后，才明确地认识到自己的坚强和坚韧。因此，无论遭遇了什么磨难，都不要一味地去抱怨命运是多么的不公平，甚至从此悲观失望、厌倦世俗。在充满苦难的生命中，坚信一切都会过去，而过不去的是自己而已。

曾有一位贫苦的美国年轻人，即使身上全部的钱加起来都不够买一件像样的西服的时候，他仍一心一意地坚持着心中的梦想。他希望自己能做演员，拍电影当明星。

在好莱坞的500家电影公司当中，他根据自己的路线与排列好的名单顺序，带着自己写好的、量身定做的剧本前去一一拜访。但第一遍下来，他被这500家电影公司全部拒绝。

　　面对着100%的拒绝，年轻人仍然自信满满。从最后一家被拒绝的电影公司出来之后，他又再一次从第一家开始，开始他的新一轮拜访。

　　在第二轮拜访中，他再次遭受打击。

　　第三次结果仍然未变。这位年轻人咬牙开始他的第四次行动。当他拜访完第349家后，第350家电影公司的老板却意外地决定先看看他的剧本。

　　几天后，公司邀请年轻人前去详谈。

　　在这次商谈中，公司采用了这部剧本，并让年轻人担任电影的男主角。

痛苦不会一直存在，而挫折也只是暂时的，真正的幸福来得绝不会顺风顺水，当我们咬咬牙挺过去时就会发现：生活还是美好的！

　　一位同事的父亲突然与世长辞，她伤心欲绝，整日以泪洗面，仿佛生活夺走了她的所有，丈夫的关怀、孩子的依赖、同事的安慰似乎对她也无济于事。她的天空阴雨连连，痛苦写满了她年轻而美丽的脸，因此她日渐衰弱，让见者心碎。当时的她不会想到微笑还会与她结缘。一段时间后，她放下了包袱，重新找回了生活的动力，阳光又包围了她。

　　他曾经因为迷醉于一段虚拟的感情而苦不堪言，为每天的不能相见而伤心，夜夜的相思吞噬着他，可当一切不复存在时，他才知道痛苦不可能永远与自己如影随形。

　　所以，我们要时时想着：我还活着，这是件多么幸福的事！

既然活着，找寻生命的美好才是最重要的，然后选一个高高的枝头，站在那里展望人生，把痛苦与不幸删除，用美妙的歌喉来赢得世界的欢呼与喝彩！

乐观的态度就像是在荒漠中生存的仙人掌，它是戈壁上一棵坚守的胡杨树，是嘈杂乱世中一处安静的避难所。它教会我们在痛苦中享受生活，在宽阔无边的生命长河中感悟生命的真谛。

燕妮与马克思可谓是一对患难与共的夫妻，他们相濡以沫，但命运偏偏喜欢刁难他们。在马克思被排挤的灰色时期，一家人忍饥挨饿，在寒冷的冬日夜晚，一家人挤在一张狭小的床上。因为没有邮费，马克思写好的论文无法寄往城市。因为没有学费，他们的孩子迫不得已退学。后来，孩子因为未及时治疗疾病而死去，燕妮与马克思连埋葬孩子的钱都没有。可就是在这种痛苦的环境下，燕妮说，她最快乐最幸福的时候，便是在灯光下给马克思整理笔记。

命运带给燕妮痛苦的生活，让她深深体会到世间的贫苦，而坚强的燕妮却在这样恶劣的环境下仍能体会到幸福与快乐。燕妮是个懂得享受生活的人，因为她知道生命的意义，她是认真生活的人。

心灯不灭，就有成功的希望

无论何时，自己心中都有一盏明灯，只要心灯不灭，就有成功的希望。

紫霄还未满月就被年迈的奶奶接回老家。奶奶含辛茹苦把她养到小学毕业，狠心的父母才从外地返家。父母重男轻女，对紫霄非常刻薄。她生病时，父母会变本加厉地折磨她，母亲对她说："我看你就来气，你给我滚，又有河，又有老鼠药，又有绳子，有志气你就去死。"13岁的小姑娘没有哭，在她幼小的心灵里，产生了强烈的求生欲望——她一定要活下去，并且还要活得有出息！

被母亲扫地出门后，奶奶用两块糕和一把眼泪，把她送到一片净土——尼姑庵。紫霄满怀感激地送别奶奶后，心里波翻浪涌，难道此生就这样度过吗？在尼姑庵，紫霄法名静月，她得了胃病，但她从不叫痛，甚至在她不愿去化缘而被老尼姑惩罚时，她也不哭不闹。但是，叛逆的个性正在潜滋暗长。一个下着微微细雨的清晨，她揣上奶奶用鸡蛋换来的干粮和路费，登上了西行的列车。几天后，她到了新疆，见到了久违的表哥和姑妈。在新疆，她重返课堂，度过了半年的快乐时光。在姑妈的建议下，她回安徽老家办户口迁移手续。回到老家，她发现再回新疆已不可能了，因为父母要她顶替父亲去厂里上班。

她拿起了电焊枪，那年她才15岁。她没有向命运低头，因为心中怀揣着梦想。紫霄用业余时间苦读，完成了现代汉语等学科的自学考试。第二年参加高考，她考取了安徽省中医学院。然而，大学梦因家庭原因而破灭，大学经常成为她夜梦的主题。

1988年底，她的第一篇文章被《巢湖报》录用，她看到了生命的一线曙光，她要用缪斯的笔来拯救自己。多少个不眠之夜，她用稚拙的笔饱蘸浓情，叙述着自己饱经风霜的经历，倾诉自己的顽强与奋斗。多篇作品寄了出去，耕耘换来了收获，那些不眠夜写出的作品大多被录用，还获得了各种奖项。1989年，她用自己的作品叩开了安徽作协的大门，成了其中的一员。

文学是神圣的，写作是清贫的。紫霄毫不犹豫地放弃了父亲那个"铁饭碗"，开始了艰难的求学生涯。因为她知道，就她现在的水平，远远不能成大器。她到了北京，在鲁迅文学院进修。为生计所迫，性格腼腆的紫霄去卖报。骄阳似火，地面晒得冒烟，紫霄挥汗如雨，怯生生地叫卖。天有不测风云，在一次过街时，她被飞驰而过的自行车撞倒。看着肿得像馒头大小的脚踝，她的第一个想法是没法卖报了。但她没有丧失信心，用几天卖报赚来的微薄收入缴足了欠交的学费后，只休息了几天，她就又一次开始了半工半读的生活。命运之神垂怜她，让她结识了莫言、肖亦农、刘震云、宏甲等作家，有幸亲聆教诲，她感到十分欣慰。

　　为了减少经济支出，紫霄住在某空军招待所的一间堆放杂物的仓库里。晚上，这里就成了她的"工作室"，她屋里的灯彻夜明亮。礼拜天，她包揽了招待所上百床被褥的清洗工作。有一次，她累昏在水池旁，幸好遇到两位女战士，将她背回去。谁知，她苏醒之后不久便接着去洗。她的脸上和手上有了和她年龄不相称的粗糙和裂口。

　　紫霄后来的生活之路平坦了许多。随文怀沙先生攻读古文、从军、写作、采访、成名，这一切似乎顺理成章，然而这一切又不平凡。她是一个坚强的女子，是一个不向命运低头的奇女子。她视困难为生命的必修课，而她得了满分。

　　一个人最大的危险是丧失自己的目标，特别是在苦难接踵而至的时候……命运的天空被涂上一层阴霾的乌云，她始终高昂那颗不愿低下的头。 因为她胸中有灯，它照亮了周围的黑暗。 一篇采访紫霄的专访在题词中写了这样的话：在主人公心中，那盏指引自己前行的心灯就是自己不曾放弃的梦想。

信念使我们离成功更近

信念是一个人的精神寄托。

俄国的列宾曾经说过:"没有信念的人是空虚的废物。"一个人不怕能力不够,就怕失去了前行的力量。拥有信念的人,从某种意义上说,就是不可战胜的人。

山东省姜村是个普通的村庄,这个小村子因为这些年几乎每年都有几个人考上大学、硕士甚至博士而声名远扬。方圆几十里以内的人都知道姜村,父老乡亲都说,姜村就是个出大学生的村子。久而久之,"大学村"替代了"姜村"。

姜村只有一所小学校,一个年级就一个班。以前,一个班只有十几个孩子。现在不同了,周围十几个村,只要在姜村有亲戚的,都想方设法把孩子送到姜村的小学。朴实的乡亲认为,把孩子送到姜村,就意味着把孩子送进了大学。

姜村的奇迹让村民们惊叹,人们也都在思索:是姜村的水土好吗?是姜村的父母掌握了教孩子的秘诀吗?还是别的什么原因?

如果你向姜村的人询问,他们不会告诉你什么,因为他们对于所谓的秘密也一无所知。

在二十多年前,姜村小学新来了一位老师,老师已经五十多岁了。听人说这个教师是一位大学教授，不知什么原因被贬到了这个偏远的小村子。不久，就有一个传说在村里流传：这个老师能掐会算，他能掐算孩子的未来。于是，有了下面的情形：有的孩子回家说，老师说了，我将来能成数学家；有的孩子说，老师说我是当作家的料；有的孩子说，老师说我将来能成音乐家；有的孩子说，老师说我以后能当科学家……

不久，家长们又发现，他们的孩子截然不同了，他们变得懂事而好学，好像他们真的是数学家、作家、音乐家的料。

老师说会成为数学家的孩子，更加刻苦地钻研数学；老师说会成为作家的孩子，语文成绩更加出类拔萃……孩子们不再贪玩，不再需要家长的严加管教，他们都变得十分自觉。因为他们都被灌输了这样的信念：他们将来都是杰出的人，而只知道玩、不刻苦学习的孩子是不能成为杰出的人才的。

家长们将信将疑，难道他们的孩子都是成材的料，被老师道破了天机？

就这样过去了几年，奇迹发生了。这些学生参加了高考，大部分都以优异的成绩考上了大学。

这个老师在姜村人的眼里变得神乎其神，他们请老师看宅基地的风水，给他们算命。这个老师却说，自己只会预测学生的命运，不会其他的。

后来，老教师上了年纪，回了城市，但他教会了下任老师如何预测。接任的老师还在给一级一级的孩子预测着，而且，他们坚守着老教师的嘱托：不把预测的秘密告诉人们。

强烈的自信心加上据此产生的信念，能产生使人奋进的巨大能量。你相信自己会成为什么，往往就会梦想成真，因为成功总是与自信同路。

用信念支撑行动,战胜困难

任何时候,都不要放弃信念,有信念就有行动的力量,能助你战胜任何困难。

信念是一种指导原则和信仰,让我们明了人生的意义和方向,信念是取之不尽用之不竭的;信念像一张早已安置好的滤网,过滤我们所看到的世界;信念亦如大脑的指挥中心,指挥我们的脑子,按照我们的意愿,去看事情的变化。

可以说,信念是能够培养奇迹的土壤。

在诺曼·卡曾斯所写的《病理的解剖》一书中,讲述了一个有关20世纪最伟大的大提琴家之一——卡萨尔斯的故事。这是一则关于信念的故事,每个人都会从中得到启发。

卡曾斯和卡萨尔斯约好相见的日子,恰在卡萨尔斯90大寿前不久。卡曾斯说,他实在不忍看那老人所过的日子。他是那么衰老,加上严重的关节炎,必须有别人的帮助才能穿衣服;呼吸很费劲,看得出患有肺气肿;走路很多时候颤颤抖抖的,头不时地往前颠;双手有些肿胀,十根手指像鹰爪般地勾曲着。从外表看来,实在是年老体衰。

在吃早餐前,卡萨尔斯走近钢琴,那是他最擅长的几种乐器之一。他很费力地爬上钢琴凳,把鹰爪一般的手指放到琴键上。

霎时，神奇的事发生了，卡萨尔斯突然变成了另一个人，显出飞扬的神采，而身体也开始活动并弹奏起来，就像是一位精神饱满的钢琴家。卡曾斯描述说："他的手指缓缓地舒展移向琴键，好像迎向阳光的树枝嫩芽，挺得直直的，呼吸也似乎顺畅起来。"弹奏钢琴彻底改变了卡萨尔斯先前的状态。当他弹奏巴赫的《钢琴平均律》一曲时，是那么纯熟灵巧，丝丝入扣。随后他奏起勃拉姆斯的协奏曲，像流水一样自由。"他整个身体像被音乐从枷锁中释放一样，"卡曾斯写道，"不再僵直和佝偻，取而代之的是柔软和优雅，不再为关节炎所苦。"在卡萨尔斯演奏完毕离座而起时，跟就座时的样子截然不同。他站得更挺，看起来更高，走起路来身体是那么轻盈。他飞快地走向餐桌，大口地吃着饭，然后走出家门，漫步在海滩的清风中。

这就是信念的力量。对一个有着坚强信念的人来说，衰老和疾病也并不可怕。用信念支撑你的行动，你就能健步向前，拥有一个意想不到的人生。

第七章
拒绝拖延：没有行动，你靠什么成功

成功需要积极进取

　　约瑟夫·贺希哈是一位犹太人，家庭贫困，1908 年随父亲迁到美国纽约市的布鲁克林区汉堡特贫民区。当他们还未站稳脚跟时，当年 5 月的一场火灾殃及了他们的家，烧毁了家中屈指可数的财物，贺希哈从此沦为在垃圾桶中寻找食物的小乞丐。年幼的贺希哈虽然在学校读书的机会不多，但他受父母的精神影响，人穷志不穷。他不像其他孩子那样，由于所受的教育太少，而被恶劣的环境蒙蔽了双眼，不思进取，甚至走向犯罪，诸如小偷小摸、打砸抢、吸毒贩毒、卖淫、加入黑社会等。贺希哈流浪街头觅食时，经常坐在街边的石椅上阅读拾来的报纸，晚上也借助路边的灯光阅读捡来的书。尽管环境恶劣，但他慢慢地对书报上的经济信息及股市行情产生了兴趣，决心在股票方面发展自己的事业。

　　一个连每日的温饱都无法解决的乞丐，竟然想发展股票事业。人们觉得他简直是异想天开。但是，贺希哈就是凭着他这股顽强进取的精神，最终实现了自己的目标。

　　1914 年，第一次世界大战爆发，纽约证券交易所和其他证券交易所由于生意惨淡而关闭。就在这个时刻，贺希哈去证券交易所找工作。几位在交易所门口玩纸牌的人听到他要来找工作，忍不住嘲笑起他来，认为他在股市大崩溃的情况下还想做股票工作，肯定是神经有问题。

贺希哈没有灰心丧气，他转身到别的交易所寻找工作。尽管不断地受到嘲讽，可他仍不放弃自己的追求。最后，他在百老汇大街120号的依奎布大厦，在爱默生留声机公司里找到了一份工作，那是一份做办公室勤杂和午间总机接线的工作，每周只有12美元的薪水。但是，他很乐意地接受了。

他满腔热情地开始了工作，非常珍惜这份工作，并利用晚间和假日认真钻研股票业务与市场行情。不久，贺希哈发现这家公司也发行和经营股票，于是，他时刻都注意着公司的经营情况。他想，自己现在从事的勤杂工作与高层次的股票工作差距太大，如何才能靠近并参与其中呢？

一天上午，他鼓起勇气走进总经理办公室，并向他提出："总经理先生，我可以做您的股票经纪人吗？"总经理很惊讶，稍后沉默了一下，盯着这位犹太小伙子，认为他这半年的工作兢兢业业，勤勤恳恳。于是，总经理对贺希哈说："胆量是股海冲浪的首要条件，既然你有勇气，那就试试！"

此后，贺希哈成为爱默生留声机公司股票行情图的绘制员，他充分利用自己所学的股票以及行情方面的知识，很快就得心应手了。在工作中，他对股票买卖有了更加深刻的理解，这为他日后事业的发展打下了坚实的基础。

贺希哈在爱默生公司工作时，除了每天的车费以及餐费之外，将其余的钱都积攒了下来。同时，他还替另一家股票交易所跑腿，工作时间是每天下午6时一直到第二天的凌晨2时，递送有关文件，每星期从中赚取12美元的报酬。他在3年中积攒了2000美元。于是，他根据自己的奋斗计划，成了一名独立的股票经纪人，从此走上了事业的成功之路。不到一年时间，他就拥有了168万美元的资产。

股海是风云突变的，人们无法凭意志控制它。当贺希哈的财富积累到过亿美元时，有一次股市骤然下跌，他买进了一家钢铁公司的股票所赚到的上千万美元以及其他利润，赔得血本无归。

这一次惨败并没有挫伤贺希哈积极进取的精神，相反，却让他变得更加自信、谨慎且聪明。他回忆说："这一次失败只给我留下了4000美元，几乎输光了几年奋斗的积蓄，这是我一生中最痛苦的一次错误。但是，我认为若一个人说他不会犯错误，那他就是在说谎。我如果不犯错误，就没有办法学到经验。"

自从那次失误之后，贺希哈经营股票顺利多了。到1928年，他已经成了每月可以赚20万美元的股票大王。

1929年是他最辉煌的一年，也是美国股市历史上最热闹的一年，几乎全民都加入了股票买卖的行列。

丰富的经验使贺希哈感觉山雨欲来风满楼，他果断地将1928年末及1929年初大量买入的各类股票一分不留地抛售出去，获得了10多倍的回报。他一下子又赚了上亿美元，成为当时赫赫有名的股票大王。

从约瑟夫·贺希哈的发迹历程中可见，一个人的成功说易就易，说难也难，关键是必须有积极进取的精神，并能观察入微，努力学习，不畏艰辛，这样才有可能获得胜利与成功。 在著名商人中，诸如连锁经营先驱卢宾、金融巨头金兹堡集团、报业大亨奥克斯、好莱坞老板高德温、地产大王里治曼、石油大王洛克菲勒等，他们都是靠这些才创造了自己成功的事业。成功商人能出类拔萃，至关重要的原因就是他们形成了一种积极进取的精神，自幼就接受"我一定要有所作为"的积极观念。一旦他们获取成功的自信心树立了，便能够努力学习，不用扬鞭自奋蹄，发掘自身潜力，使自己发展壮大。 这种精神是他们前进道路上的马达，加快了他们成功的速度，增加了克服困难的信心。

执行到位不拖延

在工作中,接到上司分派的工作任务时,觉得可能做不完或是觉得今天太疲劳了,不如明天早上来了再做,那时可能精神更好。于是,因为工作拖延而造成的执行不力时有发生,公司因此而遭受损失是不必说的。

金飞接到老板的任务:一周内起草一份与甲公司的销售合同。这对学法律的他应是小菜一碟。

第一天,手头上的其他工作本来可以结束,但他想反正有时间,明天做完再动手也不迟。

第二天,因为有些突发事件耽误了一上午,到下午下班前才勉强将原有工作完成。

第三天,刚准备动手做,同事工作遇到困难,帮同事用了一上午,下午也没心情做,因为明天就是周末,他想,周末两天怎么也能做个差不多,不急。

结果第四天时一帮朋友搞了个聚会,整整玩了一天,晚上喝得酩酊大醉。一直睡到次日中午,起来后头还晕得厉害,吃了几片药,又躺下休息。

第六天上班后,在例会上,老板问他完成没有,他不敢说没做,撒谎说差不多了,只是有些数据需要核实,明天就能交上。

开完例会他立刻动手做,这时才发现这个合同书远不是想象中的那么简单,涉及许多他不熟悉的领域,而且还需要许多实证数据支持,别说一天,就是三天也未必能完成。想到这儿,金飞的大脑一片混乱。

由于没有完成任务,老板对他失去了信任。渐渐地,他自己也觉得没有立足之地,没有发展前途,只好辞职。

像金飞这样,不立即去执行任务,今天拖到明天,明天拖到后天,结果无法完成任务,就会失去老板的信任。

今天该做的事拖到明天完成,这个月该完成的报表拖到下个月,这个季度该达到的进度要等到下一个季度。凡事都留待明天处理就是拖延。执行力是企业中每一个人最基本的能力。因为,没有今日事今日毕,再正确的战略也永远发挥不了作用。可以说,没有强有力的执行力,就没有企业的发展。

某公司老板要赴国外公干,且要在一个国际性的商务会议上发表演说。他身边的几名工作人员于是忙得头晕眼花,要把他所需的各种物件都准备妥当,包括演讲稿。在老板出国的那天早晨,各部门主管来送行。有人问其中一个部门主管:"你负责的文件打好了没有?"对方睁着惺忪睡眼,道:"昨晚只睡4小时,我熬不住睡去了。待老板上飞机后,我回公司去把文件打好,再传过去一份就可以了。"

谁知,老板到后,第一件事就是问这位主管:"你负责预备的那份文件和数据呢?"这位主管按他的想法回答了老板。老板闻言,脸色大变:"怎么会这样?我已计划好利用在飞机上的时间,与同行的外籍顾问研究一下自己的报告和数据,别白白浪费坐飞机的时间呢!"闻言,这位主管的脸色一片惨白。

拖延会侵蚀人的意志和心灵,阻碍人潜能的发挥。拖延的人常陷于恶性循环,即"拖延—低效能复命＋情绪困扰—拖延"之中。

令人懊恼的是,许多人在工作中都或多或少地拖延过。拖延的表现形式多种多样,轻重有所不同。比如:琐事缠身,无法将精力集中到工作中,只有被上司逼着才向前走,不愿意主动复命;反复修改计划,有着极端的完美主义倾向,该实施的被无休止地"完善"拖延;虽然下定决心立即行动,但就是找不到行动的方法;做事磨磨蹭蹭,有一种病态的悠闲,以致问题久拖不决……

对渴望有所成就的人来说,拖延是最具破坏性的、最危险的恶习,它使人丧失进取心。一旦开始拖延,就很容易再次拖延,直到变成根深蒂固的习惯。

我们常常因为拖延而心生悔意,然而下一次又会拖延,几次三番之后就习以为常,以致漠视它对工作的危害。

埃克森美孚石油公司是全球利润最高的公司之一,"绝不拖延"就是其公司文化不可或缺的内容。

有一次,时任总裁兼 CEO 李·雷蒙德和他的一位副手到休斯敦一个区加油站巡视。当时已经是下午 3 点半,雷蒙德却看见油价告示牌上公布的还是昨天的数字,并没有按照总部的指示将油价下调5美分/加仑进行公布，他十分恼火，立即让助手找来了加油站的主管约翰逊。

远远地望见这位主管，雷蒙德就指着报价牌大声说道："先生，你大概还熟睡在昨天的梦里吧！要知道，你的拖延已经给我们公司的荣誉造成很大损失，因为我们收取的单价比我们公布的单价高出了5美分，我们的客户完全可以在休斯敦的很多场合贬损我们的管理水平，并使我们的公司被传为笑柄。"

意识到问题的严重性，约翰逊连忙说道："是的，我立刻去办。"

看见告示牌上的油价得到更正以后，雷蒙德说："如果我告诉你，你腰间的皮带断了，而你却不立刻去更换它或者修理它，那么当众出丑的就只有你自己。"

商场就是战场，工作就如同战斗。任何一家公司要想在市场上立于不败之地，就必须拥有一支高效能的战斗团队。任何一位经营者都知道，对那些做事拖延的人是不能寄予太高期望的。

老板是讲求效率的，没有一个老板能够长期包容办事拖沓的员工。在工作中要时刻和时间赛跑，给老板留下"早就行动"的印象无疑是获得认可的最佳途径。

拖延是一种顽疾，如果你要克服它并且养成"最佳的任务完成期是昨天"的思维习惯，就一定要下定决心，准备改头换面。

第一，列出你立即可以做的事情。你可以在每天早上工作开始之前就完成这项步骤，通常从最简单和用时最少的事情开始。

第二，保持对一件事情至少五分钟的热度。要求自己针对已经拖延的事项不间断地做五分钟，时间一到就停下来，休息片刻后再重新开始。当你慢慢变得不需要停顿时，你就可以欣赏自己的成绩了。在这种有成就感的执行中，你就能长时间坚持完成任务。

认真的员工不会把领导交办的任务一拖再拖，而是把工作期限谨记在心，总是如期甚至提前完成。因为他们清楚地明白，在所有老板的心目中，最理想的任务完成日期是昨天。这一看似荒谬的要求，却是保持恒久竞争力不可或缺的因素，一个总能在"昨天"完成工作的员工永远是成功的。

把效率放在第一位

有一个人要在客厅里挂一幅油画,便请邻居来帮忙。油画已经在墙上扶好,正准备钉钉子,邻居说:"这样不好,最好钉两个木块,把画挂在上面。"这个人觉得邻居的意见有道理,于是去找木块。木块很快找来了,正要钉,邻居说:"等一等,木块有点大,最好能锯掉一点。"于是去找锯子。找来锯子,才锯了两下,邻居又说:"不行,这锯子太钝了,要磨一磨。"这个人家里正好有一把锉刀,就把锉刀拿来了,却又发现锉刀没有把。为了给锉刀安把,这个人去附近的一个灌木丛里寻找小树。要砍下小树时,他又发现他那把锈迹斑斑的斧头实在不能用了。他又找来磨刀石磨斧头,可是为了固定住磨刀石,必须得制作几根固定磨刀石的木条。为此,他又去寻找一位木匠。然而,他这一走,很久都没有回来。下午邻居再见到他的时候,他正在街上,帮助木匠从五金用品商店里往外抬一台笨重的电锯。

这个人只不过要挂一幅油画,结果却是找锯子、找锉刀、找斧头等,转了一大圈什么也没有做成。 故事中的这个人看似忙忙碌碌、一刻不闲,但最后却发现这些忙碌和结果刚好是背道而驰,忙得焦头烂额却毫无成效。 这在职场上就属于忙于执行却毫无成效的员工类型,我们称之为瞎忙乱忙。

在你的日常生活或者工作中，是否会经常发生这样的情况：自己每天就像一个上满发条的时钟——只知道机械地转，却不知为何而转。工作内容繁多，每天都在忙着各种各样的任务，总觉得没有时间休息，对自己的未来没有任何规划，过一天算一天。

这种忙不是装出来的，但是他们的"忙"效率不高，对工作的实际意义不大，基本上可以称之为"瞎忙"，他们也就成了"瞎忙族"。

在广州市一家房地产公司工作的文先生承认自己就是"瞎忙族"的代表。他每天早上8点到公司后，就开始做手头上的事情。做方案、打电话约顾客看房、准备需要的资料、找上司要数据，天天忙得不可开交，甚至要加班到深夜。

"不知道是我自己执行力不高还是地产项目的工作涉及的工作内容太多，有时一个方案牵扯到的相关部门可能有十几个。正做着策划，上司又叫找资料，找完了，顾客电话又来了，然后又是找数据，再来接待顾客，这样一天就没了。最重要的策划只好加班加点继续做，瞎忙了一天都不知道在干些什么。"文先生抱怨，不知道自己忙些什么，心里很茫然。

一项针对4000位职场人士进行的调查结果显示，有55.7%的被调查者给自己贴上了"瞎忙族"的标签。其中，有15.6%的人认为自己是"超级瞎忙族"，每天忙得要死，却没有任何收获。

在工作中,很多人会因为多项任务堆积而陷入焦头烂额的境地。

小李当部门经理不到两个月就被提拔为副总经理了。他所在的公司是一家成长型的公司,发展很快。他主管的业务特别繁杂。三个月下来,他瘦了好几斤,还因劳累过度住过一次院。

他每天加班加点,可是工作压力并没有减少,反倒越来越大。他十分痛苦,向朋友诉苦说:"我实在干不了啦。每天一上班,脑袋里就塞满了各种信息与想法,无法理清。回到家又睡不着,还是一团乱麻。再这样下去,我非疯不可。"他甚至想干脆辞职算了。

小李的问题,很多职场人士都碰到过,尤其是那些刚刚走上领导岗位的人,感受更为明显。

之所以像小李一样觉得力不从心,并不是因为能力有问题,而是掉进了"瞎忙"的陷阱中,时间、精力的成本支出有些高昂。

改变"瞎忙"的状态,提升自己的执行效率,可以从以下这几个方面做出努力:

1. 对一些不必要的事情说"不"

要学会拒绝,不让额外的要求扰乱自己的工作进度,而且有些事情完全没有必要亲力亲为。当然,说"不"是需要技巧的，在决定你该不该答应对方的要求时，应该先问问自己：我想做什么？不想做什么？什么对我才是最好的？如果答应了对方的要求是否会影响既有的工作进度，是否会因为我们的拖延影响到其他人？而如果答应了，是否真的可以达到对方的要求？

2. 使用"优先表"

有不少人由于没有掌握高效率的工作方法，眉毛胡子一把抓，总是不能静下心去做最该做的事，甚至根本就不知道哪些是最应该做的事，结果白白浪费了大好时光。

为此，应该有一个处理事情的优先表，列出自己一周之内亟须解决的一些问题，并且根据重要性和需求程度排出相应的工作进程，使自己的工作能够稳步高效地进行。

有一天，一个公司的经理去拜访卡耐基，当看到卡耐基干净整洁的办公桌时感到很惊讶。他问卡耐基说："卡耐基先生，你没处理的信件放在哪儿呢？"

卡耐基说："我所有的信件都处理完了。"

"那你今天没干的事情又推给谁了呢？"经理紧追着问。

"我所有的事情都处理完了。"卡耐基微笑着回答。

看到这位公司经理困惑的神态，卡耐基解释说："原因很简单，我知道我所需要处理的事情很多，但我的精力有限，一次只能处理一件事情，于是我就按照所要处理事情的重要性，列一个顺序表，然后就一件一件地处理。结果，完了。"说到这儿，卡耐基双手一摊，耸了耸肩膀。

"噢，我明白了，谢谢你，卡耐基先生。"几周以后，这位经理请卡耐基参观其宽敞的办公室，对卡耐基说："卡耐基先生，感谢你教给了我处理事务的方法。过去，在我这宽大的办公室里，我要处理的文件、信件等，都堆得和小山一样，一张桌子不够，就用三张桌子。自从用了你说的法子以后，情况好多了，瞧，再也没有没处理完的事情了。"

这个公司的老板就这样找到了处理事务的办法，几年以后，他成了美国社会成功人士中的佼佼者。

E·M·格雷写过小品文《成功的公分母》，他一生都在探索所有成功者共享的分母。他发现这个分母不是勤奋地工作、好运气或良好的人际关系——虽然这些都是非常重要的，而是一个似乎超过所有其他因素的因素——把最重要的事放在首位。

这里就涉及了一个时间管理的问题。时间管理的一种简单而有效的方法是去设定事情的优先顺序，一般可以分为以下四种类型：重要而紧急、重要但不紧急、紧急但不重要、不紧急也不重要。

在生活中，重要而且紧急的工作是指事情的重要性高，而且需要立即执行。此类事情带给人们较大的压力。比如老板紧急交办的工作、重要客户来访、家人临时生病住院、不擅长的必修科目隔天要期末考试等。

重要但不紧急的事情对个人而言是很有意义的，可能是许久的盼望或长远的目标。通常这类事情挑战性高，困难度也高。最常见的如参加明年的重要考试、年底的婚礼、下星期应聘面试等。

紧急但不重要的事情本身重要性不高，但因为时间的压力，需要赶快采取行动，例如接电话、换尿布、煮饭、处理邮件等。

不紧急也不重要的事情，本身没有迫切完成的压力，而且重要性不高，例如打电话和老同学闲聊、唱卡拉 OK、逛街、看电视、写问候信等。

基本上，我们可以先记录每周的时间流水账，然后将每周的事情依重要性与急迫性分为上述四种类型。设定事情的优先顺序很简单，重要的是要克服一般人常有的心理倾向，如逃避压力或想要处理那些容易、快速完成的事情。

设定事情的优先顺序应用到具体的工作之中同样可行，我们照样可以为工作设定一个优先顺序，然后有条不紊地去执行。在职场长期打拼有经验的人为我们提供了两条处理工作的黄金法则，值得我们借鉴。

1. 该急办的立刻办

该速战速决的一定要快刀斩乱麻，赶快办妥，应该拒绝的绝不能迟疑，快点回绝。例如，老板交代一项任务，你没有能力去做好，就不要因为不好意思拒绝或者怀着"拖一拖，就拖黄了"的心理承担下来，否则你就犯了一个大错，最后不仅会受到责罚，而且还使老板对你失去最起码的信任。

2. 能缓的事情不要急

应该拖一拖的事情绝不可冒进。例如，对于一些老板没要求立刻办完的事情，你可以不必急于求成。要知道马不停蹄的时候，错过了多少美景呀？而且，老板没要求你快办，一定有其原因，你如果火烧屁股一样干完，往往不符合老板的心意。反之，如果你不慌不忙，等到开会的前一天再把稿子交出来，老板会觉得你是认真的，这篇稿子肯定是高质量的，到那时老板很少会给你的稿子挑毛病了。

总之，做任何事情，效率永远是第一位的。要提高做事的效率，分清事情的轻重缓急，把头等大事放在首位永远是一条黄金法则，是我们在人生中取得佳绩的必要保障。

在具体执行中，每个人都需要根据实际情况来判断自己的执行是否高效，是否没有拖延、不打折扣，并采取有效的措施保证执行到位。

勤奋让你走向卓越

勤奋是一种可以吸引一切美好事物的天然磁石。在日常生活中，靠天才做到的事情，靠勤奋同样能做到；靠天才做不到的事，靠勤奋也能做到。俗语说："勤奋是金。"

现实生活告诉我们：天道酬勤，命运掌握在那些勤勤恳恳工作的年轻人手中。富兰克林在《穷理查德历书》中说："个人的奋发工作和勤劳实干，是取得杰出成就的必然，与好逸恶劳的懒惰品行无缘。正是辛勤的双手和大脑才使得人们富裕起来——在自我教养，在智慧的生长，在商业的兴旺等方面。事实上，任何事业追求中的优秀成就都只能通过辛勤的实干才能取得。"

在人才竞争日益激烈的职场中，唯有依靠勤奋的美德——认真对待自己的工作，在工作中不断进取，才能成功。

在这个人才辈出的时代，年轻人要想脱颖而出，就必须付出更多的勤奋和努力，拥有积极进取、奋发向上的精神，否则你只能由平凡转为平庸，最后成为一个毫无价值和没有出路的人。

很多年轻人习惯于用薪水来衡量自己所做的工作是否值得。其实除了薪水之外，还有更重要的东西值得你去追求，那就是你的人生价值。勤奋的品质可以最大限度地发挥你的潜力，在工作中积累经验，努力更新你的思维方式，生命就在你的进取中生生不息，人生就在你的进取中超越自我，创造佳绩。

作为年轻人，如果只想着如何少干点工作多玩一会儿，那么他迟早会被职场淘汰。享受生活固然没错，但怎样成为老板眼中有价值的职业人士，才是最应该考虑的。一个有头脑、有智慧的年轻人，绝不会错过任何一份可以让自己的能力得以提高、让自己的才华得以展现的工作。

勤奋是走向成功所必备的美德。历史上涌现出许许多多杰出的人物，他们都是靠勤奋走向辉煌的。

在麦当劳刚刚进入澳大利亚餐饮市场时，其奠基人彼得·里奇在悉尼东部开设了一家麦当劳快餐店。当时，贝尔的家离这家麦当劳店很近，他每次上学放学都会经过那里。贝尔的家很穷，上学的学费都是东拼西凑来的。许多同学都能买文具和日用品，他却不能。1976年，15岁的贝尔在万般无奈的情况下走进了这家麦当劳店，希望能够在麦当劳打工赚点零用钱。他很幸运地被录用了，工作是扫厕所。

扫厕所是又脏又累的活儿，没有人愿意做。但贝尔却在店里干得非常好，而且他是个眼里有活儿的孩子，很勤劳。他常常放学后就过来，先扫完厕所，接着就擦地板；地板擦干净后，他还会帮其他员工翻翻烘烤中的汉堡包。一件接一件，他都细心做，认真学。

里奇看着这个勤奋的少年，心中非常喜欢。没多久，里奇就说服贝尔签署了麦当劳的员工培训协议，对贝尔进行正规的职业培训。培训结束后，里奇又将贝尔放在店内各个岗位"全面摔打"。虽然贝尔只是个钟点工，但因他的勤奋努力和出众的悟性，经过几年的锻炼后，他很快就掌握了麦当劳的生产、服务、管理等一系列工作。19岁时，贝尔被提升为澳大利亚最年轻的麦当劳店面经理。这次提升为贝尔提供了更多施展才华的机会，通过他的勤奋努力，1980年他又被派驻欧洲，推动那里的业务，积累了很多经验。此后，他先后担任麦当劳澳大利亚公司总经理，亚太、中东和非洲地区总裁，欧洲地区总裁，以及麦当劳芝加哥总部负责人等。2003年，贝尔被任命为麦当劳（全球）董事长兼执行官。

成功需要刻苦的工作。作为一名普通员工，你要更相信，勤奋是检验成功的试金石。即使你才智一般，只要勤奋工作，主动做好自己手头的工作，最终你将会成为一名成功者。

从英国飞往马来西亚首都吉隆坡的汉斯，一下飞机就直接找到自己的上司哈恩要求参加工作。

"好啊！请你搬把椅子坐在我办公室的角落里，尽可能地不要引人注目，其他人在场的时候不要说话，不管是迎来还是送往，你都不要离开这里。"哈恩道。

"我就干这个吗？"汉斯问。

"对。而且最起码要这样干一个月。当然，你要把自己的真实感想、疑虑、发现的问题及它的根源等分析清楚并记录下来。"哈恩郑重其事地说道。

"可是，经理，我大老远地从英国总部赶来，您让我用一个月的时间就干这些吗？"汉斯非常不解，"您要知道，我……"

"好了，既然你到了我这里，就必须听我的吩咐，而我也不想听你说你以前是干什么的，是多么的糟糕或出色。你可能有你的想法，也许你的想法很对，但请你先把它们放下，从适应这里的一切开始。"

汉斯虽然满肚子的委屈，但人在职场身不由己。他只好从头做起，每天静静地坐在办公室的角落里，看哈恩怎么样处理问题、迎接客户和指挥下属"开疆拓土"，像个观察员和评论员一样记录着哈恩的得与失。

随着时间的推移，他了解了以前从未看到或想到的一些事情，尤其是哈恩如何化解各种矛盾、运筹帷幄地提高工作效率和本部门业绩的技巧，不但让他大开了眼界，更让他学到了一些在书本上学习不到的知识。更重要的是，他从哈恩身上学习到了勤奋主动工作的习惯。

一个月结束时，哈恩问："怎么样，还有些收获吧？"

"谢谢您。这一个月真让我一生受用无穷啊！"汉斯无限感慨地答道。后来，汉斯成了另外一家公司的总裁，虽然取得了令人称羡的成绩，但他还是一如既往地保持着从自己的上司哈恩身上学习到的勤奋工作的精神。

一个年轻人具有勤奋的品质，才能在工作中取得主动，才能超越自己平凡的人生轨迹，获得自己应得的荣誉。你也许会说，他们是伟人，我不想做伟人，我只想做一个平凡的人。其实这只是你在给自己找借口。许多年轻人都像你一样一直在为自己找理由，不去勤奋工作。俗话说得好："一勤天下无难事。"只要你抛开那些消极的想法，勤奋工作，你在做人、做事方面都是可以非常优秀的。

天下都无难事了，更何况只是你公司里的事、你的工作呢？即使你天资一般，只要勤奋工作，就能弥补自身的缺陷，最终成为一名成功者。只要勤奋，你就会成功，就会逐渐成为老板器重的人。千万不要等到失业了，被老板淘汰了，才想起要勤奋工作！

不让一日闲过

西点军校绝不允许学员做事拖延。不管你是新进学员还是老学员,也不管你负责的是哪一方面,都必须抓住自己工作的实质,当机立断,今日之事今日做。只有这样,成功才会垂青于你。

许多事情若能立即动手去做,那么,你将能感觉到更多的快乐,成功的概率也会大大增加;但如果你做事拖延,愚蠢地去满足"万事俱备"的先行条件,在实现目标的过程中不但会更加艰辛,还会失去本应得到的快乐和满足。

时间是不能替代的,所以世上没有任何人可以把明天当作今天过。明朝人文嘉写的《今日歌》,被后人吟诵至今,具有非常重要的意义。

今日复今日,今日何其少!
今日又不为,此事何时了?
人生百年几今日,今日不为真可惜!
若言姑待明朝至,明朝又有明朝事。
为君聊赋《今日诗》,努力请从今日始。

在世界历史中,再没有别的日子比"今日"更伟大,"今日"是各时代文化的总和。"今日"是一个宝库,它蕴藏着过去各时代的精华。每个发明家、发现家、思想家,都曾将他们努力的成果奉献给"今日"。

今日的物理、化学、电器、光学等科学的发明与应用,已把人类从过去简陋的物质环境中挽救出来。今日的文明,已把人类从过去的不安与束缚的环境中解放出来。

有些人往往有"生不逢时"的感叹。以为过去的时代都是黄金时代,只有现在的时代是不好的。殊不知,凡是构成"现在"世界的一份子的,才是真实的世界,每个人都必须真正地生活在"现在"的世界里。我们必须去接触、加入到现在生活的洪流中,必须纵身投入现在的文化巨浪。我们不应该生活于"昨日"或"明日"的世界中,把许多精力耗费在追怀过去与幻想未来之中。

一个人能够生活于"现实"之中,而又能充分利用"现实",他要比那些只会瞻前顾后的人,有用得多,他的生活也会更成功、更完美。

如果你现在还住在茅屋之中,那么赶紧下定决心,努力改善你现在所住的茅屋,使它成为世界上快乐、甜蜜的处所。而幻想中的亭台楼阁与高楼大厦没有实现之前,不妨先将你的心神贯注于你现有的茅屋。这并不是叫你不为明天打算,不对未来憧憬。只是我们不应将目光过度地集中于"明天",过度地沉迷于"将来"的梦想,这样容易将当前的"今日"丧失,丧失它的一切欢愉与机会。

人们常有一种心理,想脱离他现有不快的地位与职务,在渺茫的未来中,寻得快乐与幸福。其实这是错误的见解,试问,有谁可以担保今日不笑的人,明日一定会笑呢?假使我们有创造与享乐的本能,而不去使用,怎知这种本能不会在日后失去作用?

享誉世界的我国著名书画家齐白石先生,90多岁后仍然每天坚持作画,"不叫一日闲过"。

有一次，齐白石过生日，身为书画界的一代宗师，学生和朋友也就特别多。许多人都来祝寿，从早到晚客人不断，因此，齐先生未能作画。

第二天，齐白石先生一早就起来了，顾不上吃饭，他就赶紧走进画室，一张又一张地画起来，连画5张之后，他终于完成了自己规定的今天的"作业"。在家人反复催促下吃过饭后，他又继续画了起来，家人觉得非常疑惑："您已经画了5张，怎么又画上了？"

"昨天生日，客人多，没作画，今天就该多画几张，以弥补昨天的'闲过'呀。"说完，齐白石先生又认真地画了起来。

齐白石老先生就是这样抓紧每一个"今天"，也正因为这样，他也才有了充实而光辉的一生。

1871年春天，一个年轻人拿起了一本书，并且看到了改变他一生的一句话："最重要的就是不要去看远方模糊的，而要做手边清楚的事。"

在这之前，他只是蒙特瑞综合医院的一名医科学生，他的生活总是充满了忧虑，他几乎无时无刻不在担心"怎样才能通过期末考试，该到哪去，怎么才能更好地生活"。

后来，他成了那一时代最有名的医学家，并创建了全世界知名的约翰霍普金斯医学院，成为牛津大学医学院的钦定讲座教授——这是在英国学医的人所能得到的最高荣誉。同时,他还被英国国王册封为爵士。他就是威廉·奥斯勒爵士。

42年后,在一个温和的春夜,奥斯勒爵士对耶鲁大学的学生发表了一次别开生面的演讲。他对那些耶鲁大学的学生们说,像他这样一个曾经在4所大学当过教授,写过一本很受欢迎的书的人,似乎应该有"特殊的头脑",但其实不然。他的脑筋其实是"最普通不过了",只是这样,学生们更加好奇了,他的成功秘诀究竟是什么?

其实,成功的原因很简单,他总是踏实地活在"一个完全独立的今天"里。

在奥斯勒爵士到耶鲁大学去演讲的几个月前,他乘坐一艘很大的海轮横渡大西洋,看见船长站在船头指挥室里按下一个按钮,发出了一阵机械运转的声音。然后,船的几个部分就立刻彼此隔绝开来——隔成几个完全防水的隔舱。

于是,奥斯勒爵士对耶鲁的学生说:"你们每一个人,都要比那条大海轮精美得多,所要走的航程也要远得多。因此,我要提醒各位,你们也要学着怎样控制一切,活在一个'完全独立的今天'里面。用铁门把过去隔断——隔断那些死去的昨天;按下另一个按钮,用铁门把未来也隔断——隔断那些尚未到来的明天。然后你就保险了——你有的是今天……切断过去,把已死的过去埋葬掉;切断那些会把人引上死亡之路的昨天……明日的重担,加上昨日的重提,就会成为今日最大的障碍!

要把未来像过去一样紧紧地关在门外……未来就在于今天……没有明天这个东西的，人类的救赎日就是现在，精力的浪费、精神的苦闷，都会紧随着一个为未来担忧的人……那么，把船后的大隔舱都隔断吧，准备养成一个好习惯，生活在'完全独立的今天'里。"

要做到决不拖延、今日之事今日毕，很不容易，因为这样难免会发生失误。然而，"今日之事今日做"的态度，却是个人价值的一部分。养成了决不拖延的习惯也就掌握了个人进取的秘密。

如果不根治拖延这一恶习，拖延就会像腐蚀剂一样侵蚀人们的意志和心灵，阻碍着我们潜能的发挥。所以，要成为一个优秀的、成功的人，首先就要克服拖延的恶习。针对人们的这一问题，西点学员给人们提出了这样的建议：

1. 要克服拖拉，首先必须弄清什么事情才能让你收益最大，然后将自己的精力投入到这个你认为最重要的事情上来，如果你还在犹豫，就再次回顾你的工作或要求

你和其他任何人一样，每天拥有的时间是固定的。不要让那些"不应该做的事"占用你的时间。将你要做的事情根据结果的重要性排序，然后集中精力做重要的事，不理会那些琐屑小事，然后对你自己、你的收获以及它们在你的个人生活和事业上有什么体现都作一番评价。树立自信心，找出你能做的事，并从它做起。成功就是从做好许多小事累积起来的，做好小事你就能稳步前进。你要做到不管这一天有多忙，不管遇到多少干扰，都要完成一件使你向目标迈进的事。调整自己要做

的事，把对自己收益大的事情排在前面，把那些优先考虑但收益甚微的事坚决去掉。

2. 不要在拖拉的时候还给自己奖励

首先你要学会自律，对自己的拖拉行为毫不留情地制止。因此，你不妨偶尔扮演自己的导师或教练，时刻督促自己去努力。 要知道，弄清自己是否墨守成规，从而放弃徒劳无益的工作是非常重要的。 原谅以前的错误，但对可能出现的新错误要有思想准备。 为私事和工作留出各自的时间。 这条建议适用于每个人，而且对那些在家工作的人来说尤为重要。

3. 克服拖拉的最佳办法就是让它逐渐在你的生活中消失

要实现这一点，有些事要多做，有些事要少做，有些事则需要采用完全不同的方法去做，你的任务是把许多方法结合起来，不断发掘对你适用的技巧。

有许多成功者不相信做任何事都得完全清楚细节，他们知道什么是必须知道的，而不让细节拖慢前进的脚步。 那些能干的人，在做许多事时都有一套工作哲学，就是不必理会每一细节。

成功者擅长于区分哪些是他们该知道的，哪些是不必要知道的。 因此，为了有效使用有关资源，我们应在行与知之间找到一个平衡点，并投下全部时间去探讨根本事项。 成功，并不要求你懂得所有一切。

"决不拖延"是工作与生活对渴望成功者的必然要求，为了达到这个要求，就从现在做起吧！

第八章
细致认真：严控行动，杜绝意外

脚踏实地才能走得更远

为什么同样的环境和条件、差不多的基础，有的人业务进步明显，两三年就成了公司的骨干，而有的人却频繁跳槽，应聘的工作单位一个接一个，能力却没有太大的提高？ 其中的差别主要就在是否务实上。

真正的进取心体现在脚踏实地上，离开了脚踏实地的精神，进取心就成了一句空话。 只有踏实务实的人才能够在成功的路上走得更远。 一个人即便是名校 MBA 毕业，学识和能力都很强，如果不能够安于岗位，为企业创造价值，也很难在事业上有所成就。

1999 年 9 月，阿里巴巴网站建立起来了。马云立志要使之成为中小企业敲开财富之门的引路人。同年 10 月，阿里巴巴获得以高盛牵头提供的 500 万美元风险资金，马云立即着手的一件事情就是从香港和美国引进大量的外部人才。

这次人才引进聘用了很多高端的人才，包括美国哈佛大学、斯坦福大学以及国内名校的 MBA。但是，后来这些 MBA 中有 90% 以上都被马云开除了。

后来，谈到这次人才引进，马云认为，这批毕业于名校的 MBA 素质并不十分让人满意："很多 MBA 进了阿里巴巴之后，都认为自己是精英、高级管理者，不肯虚心脚踏实地,一进来就要求年薪至少十万元,一开口全都是战略,往往是讲的时候热血沸腾,但做的时候不知道从哪儿做起。"

由此,马云总结出一个关于人才使用的理论:只有适合企业需要的人才才是真正的人才。他说当初引进MBA就好比把飞机的引擎装在了拖拉机上,最终还是飞不起来。

企业引进人才是为了更好地发展,获得更大的效益,而不是为了装点门面。如果引进的MBA不能为企业带来效益,这样的引进又有什么价值呢?一个人无论有多大的才能和志向,只有脚踏实地才能够做出成绩来。对于那些不能够安下心来的高学历人才来说,显赫的学历反而成了成功路上的绊脚石。同等条件下,踏实务实的人比浮躁的人在人生和事业上走得更远。

有一个刚刚从美国读完MBA回国的男青年,由于自身条件优越,他毫不费力地进了一家外资企业的上海办事处。然而,在工作中,老板却总把一些鸡毛蒜皮的小事交给他做,对此,他非常不满意。不久,在公司的一次计划书的招标会上,他认为自己干大事的机会到了,于是便把自己精心准备的材料交了上去,一心以为这次可以博得老板的赏识。然而没想到几天后他却收到了公司人事处的解聘通知书。原来,他因为不在乎那些鸡毛蒜皮的小事,做事情总是马马虎虎、草草了事,以至于在计划书中把"进口"误写成"出口"。这种工作态度不认真、犯下低级错误的人怎么可能得到老板的重用呢?

在职场中,很多人一心想着一步就登上成功的顶峰,他们天天梦想着自己要干一番轰轰烈烈、惊天动地的大事情,对于工作中事务性的工作从来都是不屑一顾的,不是认为自己从事的工作与自己所学的专业不对称,就是认为让自己从事目前所做的工作太大材小用,委屈了自己。而当真正给了他一份重要工作的时候,他却失掉了先前的风头,没有能力把工作做好。

在工作中,我们需要在心中树立一个远大的理想,这是让我们获得长足进步的一个关键因素。同时,我们必须脚踏实地,通过对自身实力的衡量,不断地调整自己的方向,只有这样,才能一步一步接近并达到自己的目标。如果只是一味地沉湎于过去或者深陷于对未来的空想中,则是没有任何前途可言的。不要轻视自己眼前正在从事的职业和手边的工作,也许现在看来它毫不起眼,但这可能就是孕育你成功之花的土壤,只有将这些工作做得比别人更正确、更专注、更到位,才有可能成就自己非凡的人生。

著名企业家李嘉诚说:"不脚踏实地的人是一定要当心的。假如一个年轻人不脚踏实地,我们使用他就会非常小心。你造一座大厦,如果地基不好,上面再牢固,也是要倒塌的。"

务实是员工必备的素质,也是实现梦想、成就一番事业的关键因素,自以为是、自高自大是务实的最大敌人。不务实,何谈敬业?员工要克服浮躁心理并进入"务实状态",企业和员工才能共同成长。

马虎大意是工作的致命伤

曾经有一位伟人这样说过:"轻率和疏忽所造成的祸患不相上下。"许多人之所以失败,往往就因为他们马虎大意、鲁莽轻率。

工作的疏忽随时都在发生,由于疏忽、敷衍、偷懒、轻率而造成的失误无时无刻不在发生。

许多员工做事不认真,尽管从表面看来,他们也很努力、很敬业,但结果总无法令人满意。一旦这种人成为领导,其恶习也必定会传染给下属——看到上司是一个马马虎虎的人,员工们往往会竞相效仿,放松对自己的要求。这样一来,每个人的缺陷和弱点就会渗透到公司,影响整个事业的发展。

王林是南方某城市一家报社的执行总编。在一次私人聚会中,王林听说自己的一个老同学要到自己所在城市的开发区投资,并计划在当地媒体上投放价值百万元的广告。王林认为这是上天给了自己一个在报社出人头地的机会,于是他积极地向那位老同学争取这项业务,最终如愿以偿。

因为业绩突出,报社准备提拔他为常务副社长。开发区举行奠基仪式那天,王林带上社里最优秀的记者和广告部成员,计划用大幅版面进行宣传。奠基仪式结束后,有位老朋友邀请王林去吃饭。盛情难却,于是他向记者和相关广告人员交代好工作就去了。

那天,他玩到很晚才回家。但是第二天早上,他当副社长的梦就破灭了。原因很简单,这天他们出版的报纸犯了一个最不应该犯的错误。原来,头版头条的新闻标题本来应该是"某某开发区昨日奠基",而摆在他面前的大标题却是"某某开发区昨日奠墓"。

对一向重视有个好"彩头"的南方企业来说,把"基"写成"墓"是很晦气的,更何况这还是开发区项目正式启动的第一天。结果可想而知,老同学一怒之下取消了百万元的广告订单。不仅如此,报社的声誉也因此受到很大的影响,一些准备在这家报纸上投放广告的客户也取消了自己的投放计划。

这是一位企业培训师讲述的真实案例,之所以出现这样的问题,还是工作不认真的原因。从表面上看,这件事情的前期工作王林做得很不错,和客户沟通得很好,报社对此也十分重视,派出的是最优秀的记者,而且从执行总编到记者,再到广告人员,都做了安排和交代。但是,在执行的过程中,由于每个环节的人都大意了一点点,结果出现了非常严重的错误,为报社和客户带来了巨大的损失。

工作中出现质量问题,原因不在于一个人工作能力的下降,而是因为他的心态出了问题。马虎、敷衍、推脱、懒惰这些常见的不认真现象往往是由内心的浮躁所造成的。

曾有这样一篇报道:

乌鲁木齐市粮食局的一家下属挂面厂花巨资从日本引进一条挂面生产线，作为附带合同，之后又花18万元从日本购进1000卷重十吨的塑料包装袋，而塑料包装袋的袋面图案由挂面厂请人设计。样品设计好后，经挂面厂与新疆维吾尔自治区经贸机械进出口公司的人员审查，交给日方印刷。几个月后，当这批塑料包装袋漂洋过海运抵乌鲁木齐时，细心的人们发现有点不对劲，再仔细看一下，全傻了眼，原来每个塑料包装袋袋面图案上的"乌"字全部多了一点，变成了"鸟"字，"乌鲁木齐"变成了"鸟鲁木齐"。

后来经过多方调查，发现原来是挂面厂的设计人员一时马虎，把设计样本打印错了，而进出口公司的人员检查时也一时大意没有发现。也就是这一点之差，使价值18万元的塑料包装袋变成了一堆废品，给公司带来了严重的损失，相关人员都受到了严厉的处分。

反思这个案例，正是因为设计人员、审查人员每个人都马虎大意，没能够再认真一点，结果让18万元付诸东流。不认真的人不会把工作放在心上，更不会把客户放在心上，只能导致工作出现问题，产品质量没有保障。

由于马虎大意造成损失的例子不胜枚举。在技术日益进步、分工日益精细的现代社会，要想出色地完成一件工作、一项任务，都离不开认真。

其实，人的智力差别不大，之所以出现差别就在于是否认真。从古至今，世界上没有一个人是靠马虎和敷衍成功的，马虎和敷衍是"失败之源"——无论是一种重复了千万次的日常工作，一个技术上的细节，还是一位陌生的新客户，只要不认真对待，加倍的恶果就可能"回报"我们。

在现实中，一些人即使是写一份报告也总是丢三落四，或存在一些很明显的幼稚错误。这些不能一次做好工作的人，大多都是因为缺乏认真的态度。要把我们的工作做好，必须认真细致。

如果你经常性地因为不认真而出现失误，那么你就会养成一种习惯，做事情考虑不周到，行动时鲁莽、马虎大意，最终因为做错了其中一件事情而导致最后的失败。不认真是一种现象，其实也是一个借口。无论它是什么，都是我们成功的"杀手"。

养成谨慎细心的工作习惯

人生由细节构成，事业由细节构筑，细节中往往包含着决定成败的因子。一个人如果能养成处处认真、谨慎细心的工作习惯，那他也就握住了成功的脉搏。

汪小姐和杜小姐都是某知名企业的公关员，因为最近老总有计划要裁员，汪小姐和杜小姐都在工作上较起了劲。一段时间后，公司决定为一个即将启动的项目举办个剪彩仪式，一切工作就都交给汪小姐和杜小姐负责，这也是对她们俩的一次变相的考验。剪彩仪式上，两人的表现都很精彩，不过最后老总还是在一个小细节上判定了两人的胜负。那天的仪式，原定由五位市里的领导剪彩。当五位领导被请上台后，老总发现台下还有一位相当级别的领导也来了，于是又把这位领导也请上台一同剪彩。汪小姐急得眼泪都差点要掉下来，想着这可要出洋相了。关键时刻，杜小姐却从手袋里又拿出一把剪刀递了上去。六位领导喜气洋洋地剪完了彩，皆大欢喜。三天后，人事部下了一则通知：汪小姐走人，杜小姐升任公关经理。

汪小姐和杜小姐的成败就系在了一个小小的细节上。一个看似不起眼的细节，把它处理好了，可能就会得到一份意外的惊喜。所以，在工作中，我们一定要注意培养细心谨慎的习惯，为未来的事业打好基础。

米开朗琪罗是人类历史上最杰出的艺术大师之一。但无论是雕刻还是绘画，他的速度都不是很快，因为他注重细节，对任何一处细小的线条、色调，他都要花费许多时间仔细琢磨、推敲、揣测，力求达到最好的效果。

一天，友人拜访米开朗琪罗，看见他正对着一尊雕像发呆，似乎他自己也成了一尊雕像。

"你的作品还没有完成吗？"朋友忍不住对米开朗琪罗说。

"没有，还剩下最后的修饰！"

过了一段日子，友人再度拜访，看见他仍在修饰那尊雕像。

友人似乎有点不耐烦了，他说："这么长时间了，看你的工作似乎没有什么进展，你每天都干什么了？"

米开朗琪罗回答："我一直在整修雕像，你不觉得它的眼睛更有神、肤色更亮丽、肌肉更有力了吗？"

友人说："这些都只是一些小细节啊！"

米开朗琪罗说："不错！但是这些细节处理得不妥当，雕像就难以达到完美。"

看上去微不足道的细节往往会影响一件事情的大局。我们没有任何理由拒绝关注细节，就如同一个女子不能容忍脸上沾染一点墨迹一样。

很多人对细节视若无睹，并堂而皇之地美其名曰"不拘小节"；还有人把随便散漫偷偷改为"随和浪漫"。他们不注重自己的个人形象，衣服脏兮兮、头发油腻腻；他们不关心办公桌上堆积如山的文件和资料，更不会想到报告中的标点符号是不是用对了……"这些都是小问题，没有什么大不了！"对细节无所谓的人总是这样想、这样做。

那些优秀的、成就非凡的人，总是于细微之处用心，在细微之处着力。因为正是有这些毫不起眼的细节的完美，才保证了以后大事的成功。

一位在工作中十分注重细节的工程师的座右铭是："即使一个细节没有做好，也不算完成任务。"

有一次，这位工程师被派往一个与公司有合作关系的企业考察一个项目。为了能够将项目的全景拍下来，他不惜徒步走了两千米山路，爬到一座山的山顶上拍摄，连项目周围的风景都拍得很清楚。其实，他站在公司会议室的楼上完全可以拍到项目的情况。那家合作公司的领导不明白他为什么要这么做。

他说，回去后要向董事会汇报整个项目的详细情况，周围的风景也是项目的一个重要影响因素，所以要带回去给高层领导和设计师看。

这样一个尽心尽力、注重细节，把工作做到完美的员工，一定是一个认真负责的员工，得到提升自然是指日可待的。

在日常工作中，人们总是习惯关注那些大的事情、大的问题,而经常忽略那些细小的问题。 原因是认为它们太"小",完全没有必要在这上面耗费太多的精力和时间。 殊不知,小问题容易出现大纰漏,疏忽一个不起眼的小细节极有可能会葬送一个大项目。 因此,对小细节应有足够的重视。

  巴西海顺远洋运输公司曾经有一艘先进的海轮,名叫"环大西洋"号,后因一次海难事故而永远沉没于大海。

  当巴西海顺远洋运输公司的救援船到达出事地点时,21名船员连同"环大西洋"号全部消失了。海面上风平浪静,只有救生电台继续拍发着求救电波。救援人员无法想象这片海况极好的海域究竟发生了什么,使得这艘最先进的海轮沉没。

  这时,有人发现电台下绑着一个密封的瓶子。瓶子里面有一张字条,字条上的文字由全船21名船员的不同笔迹写成:

  一水理查德:"3月21日,我在奥克兰港私自买了一个台灯,想给妻子写信时照明用。"

  二副瑟曼:"我看见理查德拿着台灯回船,说了句这个台灯底座轻,船晃时别让它倒下来,但没有干涉。"

  三副帕蒂:"3月21日下午船离港,我发现救生筏的施放器有问题,就将救生筏绑在了架子上。"

  二水戴维斯:"离港检查时,发现水手区的闭门器损坏,我便用铁丝将门绑牢。"

  二管轮安特耳:"我检查消防设施时,发现水手区的防栓锈蚀，心想还有几天就到码头了，到时候再换吧。"

船长麦凯姆："起航时，工作繁忙，没有看甲板部和轮机部的安全检查报告。"

机匠丹尼尔："3月23日上午，理查德的房间消防探头连续报警。我和瓦尔特进去后未发现火苗，判定探头误报警，拆掉交给惠特曼，要求换新的。"

大管轮惠特曼："我说正忙着，等一会儿拿给你们。"

服务生斯科尼："3月23日13点到理查德房间找他，他不在，坐了一会儿，随手开了他的台灯。"

机电长科恩："3月23日14点我发现跳闸了，因为这是以前也出现过的现象，没多想，就将闸合上，没有查明原因。"

三管轮马辛："感到空气不好，先打电话到厨房，证明没有问题后，又让机舱打开通风阀。"

管事戴思蒙："14点半，我召集所有不在岗位的人到厨房帮忙做饭，晚上会餐。"

医生莫里斯："我没有巡诊。"

电工荷尔因："晚上我值班时跑进了餐厅。"

最后是船长麦凯姆总结的话："19点半发现火灾时，理查德和苏勒的房间已经烧穿，一切糟糕透了，我们没有办法控制火情，而且火越来越大，直到整艘船上都是火。我们每个人都犯了一点点错误，却酿成了船毁人亡的大错。"

看完这张绝笔字条，救援人员谁也没说话，海面上死一样寂静，大家仿佛清晰地看到了整个事故的过程。

我们可以推断这次灾难的形成过程：

理查德私买台灯回船后，没有任何人制止，同事找他时又把台灯随手打开。负责安全巡回检查的人又忽视了理查德的房间。事实上，台灯底座太轻，亮着的台灯在颠簸中落地，引起电火花，在地毯上产生了火苗。火苗沿着桌腿、桌布、床单蔓延，最后导致电路跳闸，电工却对这个重大的危险信号习以为常，随手把闸合上。因为房间里的消防探头被拆掉了，新的尚未安装，所以无法报警，火苗静悄悄地肆虐着。焦煳的气味传了出来，三管轮闻到了，就直接打电话给厨房，厨房觉得没问题，也没有一个人追究焦煳气味从何而来。下午，几乎所有人员都离开了岗位，去了厨房；晚上，医生放弃了日常的巡检，就放弃了发现问题的一个机会，就连值班的电工也私自离岗！最后，当大火被发现时，着火的房间已经被烧穿，水手区的门被绑死了，怎么也进不去，消火栓锈蚀打不开，无法灭火，闭门器和救生筏被牢牢绑住，无法逃生。而这些问题船长在此前根本没有发现，因为他没有看甲板部和轮机部的安全检查报告。

这是一起由多个微小失误叠加而成的责任事故。为了使公司员工永远记住那段伤心的往事，避免同类事故再次发生，该公司门前至今仍竖立着一块石碑，上面刻着那段令人悲痛而又发人深省的事故。

每个"小错误"看起来似乎很轻微，但叠加在一起就成了一场无法规避的灾难，正如船长麦凯姆总结的那样："我们每个人都犯了一点点错误，却酿成了船毁人亡的大错。"仔细检讨我们的工作，低标准、老毛病、坏习惯之类的"小错误"可以说比比皆是，如果总是视而不见、习以为常，那么"大事故"的发生也将在所难免。

工作中的细节看上去毫不引人注意，却恰恰是一个人认真与否的最好证明。那些百分之百关注工作的员工，总是能够认真对待工作中的每一个细节，将工作做到尽善尽美，也正是这份对工作的认真，才使他们获得了成长和发展的机会。

细节是一个人心灵的真实反映

一个大学生毕业后去了广州,想要闯出一番天地来。但很不幸,一下火车,他的钱包就被偷了,钱和身份证都没有了。受冻挨饿两天后,他决定去捡垃圾——虽然受人歧视,但至少能够解决吃饭问题。一天,他正低头拾垃圾,忽然觉得背后有人在看自己。回头一看,是个中年人。中年人拿出一张名片说:"这家公司正有招聘,你可以去试试。"

那是一个很热闹的场面——五六十个人挤在一个大厅里,其中很多人都西装革履,相形之下他有点儿自惭形秽,想偷偷离开,但最终还是没走。当他一递上名片,工作人员马上对他说:"恭喜你,你已经被录取了。这是我们总经理的名片,他曾吩咐,有个青年会拿着名片来应聘,只要他能来,就成为我们公司的一员。"就这样,没有经过任何面试,他进入了这家公司。后来,他成了公司副总经理。

一次闲聊时他问总经理:"你为什么会选择我?""因为我会看相,知道你是栋梁之材。"说着,总经理不禁大有深意地一笑。

又过了两三年,公司业务越做越大,总经理要去新城市开拓新业务,临走时,将这个城市的所有业务都委托给了他。送行那天,他和总经理在候机贵宾室里面对面坐着。"你肯定还在纳闷儿,我为什么会选择你。那次我偶然发现你在拾垃圾,就观察了你很久。你每次都把有用的东西拣出来,将剩下的垃圾归好再放回垃圾箱。当时我想,如果一个人在这样艰难的环境下还能够注意到这种细节,那么无论他是什么学历、什么背景,我都应该给他一个机会。而且,连这种小事都可以做到一丝不苟的人,肯定会成功。"

逆境与困苦中最容易看出一个人的品性到底如何,细节其实也是一个人心灵的真实反映。

做事尽量谨慎些

　　李嘉诚进入房地产业的时候，房地产还不是大热门。如今，房地产已经成行成市。祖籍广东番禺的霍英东于1954年首创卖楼花的销售奇招。所谓卖楼花，就是一反原来地产商整幢售房或据以出租的做法，兴建之前，就将其分层分单位（单元）预售，得到预付款就开始动工兴建。

　　卖家用买家的钱建楼，地产商还可将地皮和未完成的物业拿到银行按揭（抵押贷款），这是好方法。银行的按揭制日益完善后，用户只出楼价的10%或20%的首期，就可以把所买的楼宇向银行按揭。银行接受该楼宇做抵押，把楼价余下的未付部分付给地产商，之后，收取买楼宇者在将来若干年内按月向该银行付还贷款的本息。无疑，银行承担了主要风险。

　　霍英东售楼花的创举加速了楼宇销售，加快了资金回笼。由此，急功近利的地产商纷纷效仿，一时成风。

　　李嘉诚面对地产界的主流新风潮，作为一个新进者，他仔细钻研了楼花和按揭。

　　李嘉诚得出结论，地产商的利益与银行休戚相关。即唇亡齿寒，一损俱损。因此，过多地依赖银行，不是好事。

　　根据高利润与高风险同在的简单道理，李嘉诚制定了相应的方略：

（1）资金再紧，宁可少建或者不建，也不卖楼花。

（2）尽量少向银行抵押贷款，或同银行向用户提供按揭。

（3）不牟暴利，物业只租不售。

总的原则是谨慎入市，稳健发展。

1961年6月，廖创兴银行挤提风潮证实了李嘉诚的远见。廖创兴银行由潮籍银行家廖宝珊创建，廖宝珊同时是"西环地产之王"。为发展需要，他几乎将存户存款掏空，投入地产开发，因此引发存户挤提，最终令廖宝珊脑出血猝亡。

李嘉诚从自己所尊敬的前辈廖宝珊身上，看清了地产与银行业的风险。他深刻地认识到投机地产与投机股市相同，"一夜暴富"的背后，时常是"一朝破产"。

作为地产界的新秀，李嘉诚始终坚持谨慎稳健的步伐。

1965年1月，明德银号又因为投机地产导致破产，全港挤提风潮由此爆发，整个银行业一片凄风苦雨。广东信托商业银行轰然倒闭，连实力雄厚的恒生银行也出现了问题。

靠银行输血的房地产业出现问题，地价楼价暴跌。脱身迟缓的炒家，全部断臂折翼，血本无归。地产商、建筑商纷纷破产。但李嘉诚损失甚微，这完全归功于他谨慎稳健发展的策略。

李嘉诚躲过了地产大危机，在地产低潮中依然稳步拓展。但这并不代表其他经营方法一无可取。正如李嘉诚不卖楼花，却不能说卖楼花就一定会失败。事实是，卖楼花的做法，在今天的房地产界仍存在。正所谓商无定法，条条大路通罗马。

重要的是，我们必须从李嘉诚的做法中吸取经验。李嘉诚初入地产行业，羽翼未丰，他输不起也赔不起，因此他使用了资金回笼缓慢、赚头不大（与卖楼花相比）的只租不售的稳健发展策略。这也符合李嘉诚的性格。

作为商人，在制定经商的战略战术时，应该考虑自身实力，尽量做到谨慎、稳步地发展。